簡單行銷學

SIMPLE MARKETING

吳載昶，尤貝貝 —— 著

看透客戶心理，巧用三寸不爛之舌，「推」開世界的大門！

你以為只有銷售員需要推銷嗎？

畫家推銷他的畫，作家推銷他的文字，求職者向老闆推銷自己。
人生無時無刻不在推銷，而你總是推銷不出去？

別擔心！和高手相比，你只是還沒掌握技巧，馬上打開這本書，讓你在商場上站得住腳！

目 錄

目錄

第三章　人脈幫你賺大錢

第四章　電話行銷，一線千金

第五章　商戰高手的秒殺攻心術

目錄 ━━━━━━━━━━━━━━━━━━━━━━

目錄

前言

在人生的大舞臺上，其實我們每個人都是銷售員，每個人的一生都要在「銷售」中度過。畫家銷售美感，政治家銷售政見，作家銷售故事，發明家銷售發明，演員銷售演技，女人銷售自己的美麗和學識，男人銷售自己的才華和魄力……人生何處不銷售！可以肯定地說，每一位成功人士，都是頂尖的銷售員。想像一下，在今天的辦公室、工廠或任何機構中，如果我們一點銷售能力都沒有，那將會變成什麼樣子？

簡單地說，銷售的全過程就是找到客戶的需求點並針對性地給予解決的過程。「如果繼續與火雞為伍，你就無法與雄鷹一道展翅。」這句話出自著名演說家吉格‧金克拉（Zig Ziglar）。物以類聚，人以群分。要想成為一個領域中的高手，你必須與高手為伍才行。如果你混跡於消極人群，慢慢地你就會變得和他們一樣消極。喬‧吉拉德（Joe Girard）說：「當客戶拒絕我七次後，我才有點相信客戶可能不會買，但是我還要再試三次，我每個客戶至少試十次。」這就是世界銷售冠軍與一般銷售人員的區別！

銷售一直以來都是高壓力的職業，隨著產品的同質化和銷售技巧的泛化，銷售員的心態對銷售工作的影響日益明顯。在一線的銷售工作中，高超的銷售技巧能帶來更多的成交機會，而良好的銷售心態則能夠把訂單拿穩抓牢！

做銷售工作的你，可能遭遇過以下情景：縱使你費盡唇舌，不停地介紹自家產品的優點及好處，客戶還是對你搖頭說不；當你進行電話拜訪時，剛一開口說明來意，就聽到對方連忙說「謝謝，我不需要」……面對此類令人沮喪的回應，你感到束手無策嗎？當你拜訪客戶，滿懷信心地進

前言

去、灰頭土臉地出來時，你是不是會想客戶怎麼變得越來越精明，而不會承認是自己的銷售能力越來越差了？

為什麼那麼多的銷售人員在同一家公司，具有同樣知名度，一天同樣的 24 小時，銷售一模一樣的產品，別人的業績總是比自己高？為什麼大多數客戶對產品只看不買？你在銷售工作上，是否已經發揮了個人 100%的能力與潛力？你現在的成交率高嗎？你知道全世界所有的成功人士都是成交高手嗎？如何才能順利獲得訂單？如何才能成為一名簽單高手？如何才能使小訂單變成大訂單？你想改變現狀嗎？你想成為超級銷售戰將，年收入破八位或九位數嗎？

其實，你和高手的差別就在於銷售能力！都因為你不懂成交的方法和技巧！

別再猶豫，現在就請你打開這本書，它能幫你把任何產品賣給任何人！

第一章　心態決定業績

　　心態決定命運。好的心態讓你成功，壞的心態會毀滅你自己。可以說，心態比知識重要，心態比能力還重要。要想創造傲人的業績，最重要的是擁有積極向上的心態。積極的心態能激發行動的勇氣，而消極的心態會成為你面對挑戰的障礙。只要你帶著熱情和信心去做，全力以赴，就一定能提升自己的業績。

心態，銷售人員的第一要素

　　很多銷售員都在詢問做銷售的技巧和方法，比如：如何讓客戶快速下單，如何尋找大客戶等。其實，要做好銷售工作，銷售員的態度和觀念才是最重要的，這也是做好銷售的基礎。對於一個銷售員來說，生意是否景氣，不在於外部環境，全在於有沒有良好的心態。好的心態就是熱情，就是戰鬥精神，就是勤奮工作，就是忍耐，就是執著的追求，就是積極的思考，就是勇氣。

　　身為一個銷售人員，要想不斷提升自己的業績，就要改變自己的不良心態。當你被一個顧客拒絕 1 次、2 次，甚至更多次的時候，你也許會想這個人真是難纏，放棄算了；但你也許會想他拒絕我很正常啊，或許因為我在某些方面做的還不夠，再多努力一次可能會成功。

　　比如：昨天你已經跟一個客戶約好了，可是今天卻突然刮起了大風下起了暴雨。此時，你也許會想算了，今天正好休息，反正颱風下雨，客戶也不會怪我；但你也許會想這不正是個機會，讓客戶更加喜歡我信任我嗎？如果我冒著這麼大的雨出現在客戶面前，客戶一定會被感動。

　　也許你曾經被客戶粗暴地拒絕，甚至出言不遜，此時你會想你再這樣說小心老子扁你；但你也許會想，是不是他正好遇到什麼不開心的事情呢？我是不是需要一些耐心和真誠來說服他呢？

　　身為一名銷售員，以上種種情況經常會遇到，為什麼有的人做得好，有的人卻失敗呢？差別就在心態。

　　小王是一家公司的業務員，是一個能給人好感的忠厚之人，但他總給人一種索然寡味的感覺。同事們諷刺他是「地獄最下層的人」，這是指他是公司裡業績最少的墊底業務員。公司雖然對小王的人品沒得說，但也只能考慮讓他走人。

　　就在公司考慮要開除他時，小王突然爆發了巨大的熱情，開始積極地工作，營業額開始逐漸上升，一年後已經成為公司的王牌業務員，又過了一年，他竟然成了銷售冠軍。

　　在業務員的表彰大會上，小王受到董事長的表揚。董事長給小王授完獎以後，對小王說：「我從來沒有這樣高興地表揚過人。你是一個傑出的業務員。不過，你的營業額高速成長，這巨大的轉變是怎麼實現的呢？能不能讓大家分享一下你的成功祕訣呢？」

　　小王並不擅長言辭，即使現在已經是戰果豐富，他還是有點害羞地說：「董事長先生及各位女士先生們，過去我曾經因為自己是個失敗者而垂頭喪氣，這一點我記得很清楚。有一天晚上，我看到一本書，上面寫著『因為熱愛，才能做得更好』，我忽然好像領悟到了什麼一樣，我不能再這樣下去了，我找到了以前失敗的原因 —— 因為我不熱愛自己的工作，所以缺少對工作的熱情，但是我相信，我會改變的。第二天一大早，我就上街從頭到腳買了一套全新的衣服，包括西裝、內衣、襪子、皮鞋、領帶等等所有衣物，我需要全面地改變自己。回家以後我又痛痛快快洗了個澡，頭髮也洗乾淨了，同時也把腦子裡消極的東西全都洗掉了。然後我穿上剛買的新衣服，帶著前所未有的熱情開始出去推銷了。以後，我的營業額開始上升了，並且越來越順利。這就是我轉變的過程，非常簡單。」

　　小王的轉變，是因為他學會了去愛上自己的工作，然後喚起了對工作的熱情，同時也造就了今日的成功。熱愛才會有熱情，熱情可以把一個人變成完全不同的人，這是一個多麼神奇的轉變呀！其實，許多人在工作上之所以不太順利，甚至失敗，就是缺乏對工作的熱情。如果缺乏熱情，你永遠不可能成為頂尖銷售奇才。

　　從現在起，熱愛你的工作吧，否則不如甩手不做！

　　如果你想在銷售的道路上走得更高更遠，首先就要好好調整一下你的心態，你一定會有意想不到的收穫！正如一位偉人所說的：「要麼你去駕馭生命，要麼是生命駕馭你。你的心態決定誰是坐騎，誰是騎師。」

微笑 —— 愉悅自己，也愉悅別人

　　微笑帶給人們快樂、溫馨和鼓舞。微笑就是陽光，它能消除人們臉上的寒色。在恰當的時候，恰當的場合，一個簡單的微笑可以創造奇蹟。一個簡單的微笑可以使陷入僵局的事情豁然開朗。如果你時時保持微笑，表明你對客戶交談抱有積極的期望。別人就像一面鏡子，你給他以笑容，他也同樣報你以笑容。

　　一些人不懂得利用微笑的價值，實在是不幸。因為，微笑在社交中能發揮極大的效果：無論在家裡、辦公室，還是在途中遇到朋友，只要你不吝惜微笑，立刻就會有意想不到的良好效果。難怪有許多專業銷售員，每天清早盥洗時，總要花兩三分鐘時間，面對鏡子訓練自己的微笑，使自己能展現出最為迷人的笑容，甚至視之為每天的例行工作。

　　原一平曾經為自己的矮小而懊惱不已，他不止一次地仰天長嘆：「老天爺對我真不公平！」但是，個子矮已是無法改變的事實，想隱瞞也隱瞞不了，想改也改不掉。

　　就在原一平加入明治保險公司不久，與原一平個子相差無幾的高木金次先生召見了原一平。

　　高木先生曾留洋過，在美國專攻過推銷，他的身材比原一平略高而已，健康也欠佳，所以瘦瘦弱弱的，若只看外表的話，他和原一平一樣。

　　他凝視著原一平，靜靜地說：「原老弟，個子高大、體格魁梧的人，先是外表就顯得威風凜凜，因此，訪問客戶時也容易讓對方產生好印象。

我想，我們個子矮的首先必須以表情制勝，特別要重視笑容滿面，務必顯出發自肺腑的笑容」。

他的臉上立即浮現了笑容，那是一種渾身都在笑的笑容，是純真感人的笑容，這笑容使原一平茅塞頓開。

自此以後，原一平著手訓練笑容，他不停地對著鏡子練習。

由於一心一意想著練習笑容的事，走在馬路上，原一平往往會不自覺地露出笑臉，有時甚至會笑出聲來。他練習笑容就跟著了魔似的，他的鄰居們見他一人常常獨自笑出聲來，還懷疑他神經不正常呢。

原一平自豪地說：「如今，我認為自己的笑容與嬰兒的笑容已經相差無幾。」

嬰兒的笑容，說多美就有多美。他們的笑容純真得令人心曠神怡，令人迷惑。嬰兒之多，無以計數，但誰看到過他們挖苦的、蔑視的、齷齪的、邪氣的笑？嬰兒的笑容之所以美麗誘人，是因為以鼻梁為中心線時，臉部左右的表情相同之故。

我們必須擁有左右均勻的、天真無邪的美麗笑容，即嬰兒般的笑容。當大人露出接近嬰兒的那種笑容，那才是發自內心的笑，這種笑容會使初次見面的人如沐春風，如在歇息，它也會使接觸他的人，自然地展露笑容。

在這裡，我們總結出笑容的 10 大好處：

- 笑容，是傳達愛意給對方的捷徑。
- 笑，具有傳染性，你的笑會引發對方的笑或是快感。你的笑容越純真、美麗，對方的快感也越大。
- 笑，可以輕易除去兩個人之間厚厚的牆壁，使雙方的心扉大開。

- 笑容是建立信賴的第一步，它會成為心靈之友。
- 沒有笑的地方，必無工作成果可言。
- 笑容可除去悲傷、不安，也能打破僵局。
- 將多種笑容擁為己有，就能洞悉對方的心理狀態。
- 類似嬰兒的笑容最能誘人。
- 笑容會消除自己的自卑感，且能補己不足。
- 笑容會增加健康，增進活力。

微笑的後面蘊含的是堅定的、無可比擬的力量，一種對生活巨大的熱忱和信心；一種高格調的真誠與豁達；一種面對人生的智慧與勇氣。

微笑是一種最容易被人接受的禮物，微笑可以增加做人的魅力，微笑的本身就是動聽的語言。

不要怕客戶說「不」

銷售是從被拒絕以後開始的！」這是被尊為「銷售員訓練之父」的耶魯瑪‧雷達曼的一句名言。做推銷這一行的人可能都會遇到「十扣柴扉九不開」的情況。對他們來講，不成功、不順利的時候要比成功、順利的時候多得多，經常面對的是別人拒絕的表情。但面對拒絕時，應抱以何種態度呢？有些銷售員在面對多次拒絕後，覺得老看別人臉色，丟了自己的面子，就灰心喪氣，變得沒一點自信心了，結果情況越來越壞。這種態度是不足取的。

推銷人員雖然每天都是如臨大敵，然而最大的敵人還是自己。如果灰心喪氣，臨陣脫逃，躲進小酒館裡自怨自艾，豈不是「不攻自破」、「不戰自敗」嗎？

逃避畢竟不是辦法，逃兵和逃犯的生活還不如過牢獄生活踏實安穩。除非你改行，當推銷人員就要破釜沉舟，扔掉「面子」，使自己無路可逃，從而義無反顧地去登門推銷，接觸顧客，面對拒絕，接受挑戰。

銷售人員在向潛在客戶推銷產品時，遭到拒絕是正常的，這是銷售人員都明白的道理。但是，有些銷售人員遇到困難容易退縮，沒有勇氣堅持到底。這些銷售人員或許有強烈的成功欲望，很強的工作能力，但是卻承受不了一點點挫折。有的在經過一番努力之後還未見成效，便開始感到失望、氣餒，又不願意去尋找失敗的原因，只是簡單地認為自己不適合做這項工作；有的選擇銷售工作僅僅憑一時的衝動、一時的熱情，遇到困難後即刻放棄，淺嘗輒止，更不要說什麼業績了。

遇到困難和挫折時，要持之以恆，不要輕言放棄，這是優秀的銷售人員必備的品質。

劉耀輝是一家油墨廠的銷售人員。一天，他來到某印刷公司。該公司的羅經理聽完劉耀輝的介紹後，語氣溫和地對他說，公司已有固定的客戶，前幾天剛進了不少貨，足夠用一陣子的了。至於以後用不用劉耀輝的貨，羅經理有些敷衍地說：「過兩個月再看吧。」

劉耀輝認為，羅經理之所以不要陌生人的貨，不過是在感情上存在距離罷了。如果要把自己的貨推出去，就非得腿勤、嘴勤不可。

兩個月後，劉耀輝又去了那個印刷公司。剛坐下正準備和羅經理好好談談，不巧有個下屬來找羅經理。這一次，劉耀輝也沒談成功。羅經理推託說，該公司已經改用另一類型的油墨了。劉耀輝急切地問是什麼類型的，羅經理順口說了一種。

過了一週，劉耀輝拿著羅經理說的那種型號的油墨樣品又來了。當時正趕上夏至。羅經理看著劉耀輝滿臉淌汗的樣子，說：「年輕人，實話告

訴你，你的墨，我們實在不能要，老客戶我們還應付不過來呢。你就是再來幾次，也是白搭，我勸你不要那麼辛苦地跑來了。」

然而劉耀輝卻微笑著說：「不，請您別為我擔心，跑腿說話就是我的本職呀！」這一次，劉耀輝雖然還是無功而退，但他已經發現羅經理有點動心了。

三天後的一個下午，下起了大雨。劉耀輝冒雨騎車來到那個印刷公司。正好是午休時間，劉耀輝見羅經理正在睡午覺，就站在門外的走廊上等待。過了一會兒，羅經理走了出來，一眼就看到了落湯雞似的劉耀輝。他十分同情地搖著頭說：「你這小子，真拿你沒辦法。快進來把衣服脫下來擰一擰，別感冒了。我去二樓一下，馬上就回來跟你談。」

劉耀輝終於如願以償地拿到了這家印刷公司的訂單。

堅持就是多次向客戶提出成交要求。許多銷售人員在向客戶提出成交要求遭到拒絕之後，就放棄了，開始另尋他人，他們試圖遇到一個在他們提出要求時能馬上答應的客戶。

據調查，有67%的銷售人員沒有多次向客戶提出銷售要求，他們在遭到客戶拒絕之後就不再堅持，這是一種錯誤的態度。成交過程中，有些因素是不能控制的，有些是可以控制的，對此我們可以發揮主觀能動性，變被動銷售為主動銷售。那麼，身為銷售人員，在工作中遇到困難時，具體該怎麼辦呢？

- **正視挫折**：新從業的銷售人員，第一次工作就遇到客戶說「不」時，會產生膽怯的心理。或者是連續遭到客戶的拒絕，就心生恐懼，停滯不前。遇到這種情況時，你應該提醒自己，勝敗乃是兵家常事，實踐，再實踐，勝利就在前面。

- **自我調節**：要認為銷售人員是個幫助人的好角色，就好像銷售人員的商品能夠解決客戶的問題一樣，身為優秀的銷售人員，你的任務是為了幫助客戶做出正確決定。

- **為自己找理由**：為了重建自我，銷售人員應該給自己找理由：客戶一開始就不想要，那就等下一次吧，到時候我一定更加振作！或者，後天我一定會好運。

- **磨練意志**：銷售人員在進行隨機拜訪時，往往會遭受無數個拒絕，如果沒有堅強的意志，就很難獲得較好的業績。

- **調整心態**：懷有一個積極平和的心態來看待交易的成敗，從而有效避免在生意成交的最後階段的緊張。

　　身為銷售人員，你的業績、你的成功正是從一次又一次的拜訪客戶開始的，所以，不要害怕見客戶，不要害怕客戶說「不」。

　　怎樣才能正確地面對拒絕呢？解決這個問題，首先要分析遭到拒絕的原因：

- **使用者對所推銷的產品不需要**：需要是購買的前提。無購買需要便無購買動機和購買行為。無怪乎電視裡一播放廣告，人們就會起身離開。

- **使用者對所推銷的產品不合胃口**：使用者在選擇某種產品時，不光要考慮這種產品能否滿足自己的使用需要，還希望這種產品的品牌能滿足自己的心理需要，樣式能滿足自己的觀賞需要、價格能夠承受、售後服務能夠保證等等。如果這其中有令用戶不滿意之處，生意便難以成交。

- **用戶對推銷者不喜歡**：曾有這樣一位銷售員，這天他來到用戶的辦公室，一進門便高談闊論。大約半小時後，用戶打斷銷售員的話說：

「我只講一句話好嗎？」用戶告訴這位銷售員：「我想讓你知道，我不太喜歡貴公司，我想永遠不會喜歡的。」糟糕！這位銷售員的言行使用戶大倒胃口，遭拒絕當然是在所難免的了。

- **用戶正好情緒不佳**：在推銷時，如遇用戶心情舒暢時進行洽談，成交機率會加大。但在日常生活中，不順心的事常有八九，用戶也會有因紛亂世事搞得自己情緒不佳乃至情緒惡劣的時候，若此時被銷售員撞上，不被轟出去已是萬幸，哪還談得上「順利成交？」

某位名人曾說過：「世界上什麼都不能代替執著。天分不能 —— 有天分但一事無成的人到處都是；聰明不能 —— 人們對一貧如洗的聰明人司空見慣；教育不能 —— 世界上有教養但到處碰壁的人多的是。唯有執著和決心才是最重要的。」

記住：最亮的燈可能是最先滅的燈。不做一日之星，執著才能長久。

拒絕是說服的開始，是成功的媒介。面對拒絕時，我們不應因此失去自信心和鬥志，應該吸取經驗，爭取在下一次的推銷中避免遭受拒絕。如果總是自怨自艾，不認真總結經驗教訓，就會和上次一樣遭受拒絕。

推銷產品前，先把真誠推出去

真誠是推銷的第一步。簡單地說，真誠意味著你必須重視客戶，相信自己產品的品質。如果你做不到，建議你最好改行做別的，或者去推銷你信得過的產品。

真誠、老實是絕對必要的。千萬別說謊，即使只說了一次，也可能使你信譽掃地。如果你自始至終保持真誠的話，成交就離你很近。正如《伊索寓言》（*Aesop's Fables*）的作者所說：「說謊了，即使你說真話，人們也不會相信。」

　　還有一點很關鍵 —— 不要輕易許諾。如果你的電腦系統需要三個月才能安裝完畢，那你就不要僅僅為了拿到訂單而謊稱四個星期就夠了。這種無法兌現的承諾常常會攪得你坐立不安，所以最好對你的客戶實話實說。

　　要更進一步地告訴客戶，因為沒有存貨，他要的貨可能晚一些時候才能到。當客戶要的貨比你許的日子提前到達的時候，在客戶的眼裡，你就成了可敬的英雄 —— 最重要的是，客戶們相信你說話算數。

　　當然，真誠並不僅僅意味著老實。即使是一個老實人，他也會對虛假的恭維產生反感。讚美別人固然好，但過度讚美只能適得其反，別人不僅不會相信你，還會把你一眼看透！不管你說的奉承話多麼娓娓動聽，別人也能意識到你實際上是一個騙子，因為他們比你想像的要聰明得多！記住，客戶本來就可能對你心存戒心，所以千萬別做傻事，讓他們加重疑慮與反感，不要忘了你首要的任務是去推銷產品。客戶的時間是寶貴的，他不會有興趣聽你說那些有預謀的恭維話，因為他與你見面的目的是坐下來談生意，是看你能夠為他提供什麼樣的服務。

　　有的時候，就是最專業的銷售員也不可能回答客戶所有的問題。遇到這種情形，你可以直率地說：「對不起，我現在還無法回答您，但我回去後會馬上確認，很快就給您回電話。」記住，要是你總是這樣解釋，那就說明你並沒有準備充分。不過，這種坦率的回答倒是展現了你的誠懇，總比說假話敷衍客戶要好得多。

　　要是時間允許的話，你最好立刻就著手查找答案。比如：當客戶問起你不熟悉的汽車檔速時，你可以說：「我們現在就去請教專家。」然後，你把他帶到一位汽車技師那裡去，讓他當面提出問題並得到答案。

　　這裡提供兩條建議能使你第一面就給人留下真誠的印象：

第一章　心態決定業績

第一，不要戴太陽眼鏡。老實說，就算你是站在沙漠的中央向人推銷土地，你也必須用眼睛和客戶交流，而太陽眼鏡顯然做不到這一點。

第二，當你和客戶說話的時候，你一定要正視對方的眼睛，而當你聆聽的時候，你也得看著對方的嘴唇。否則，客戶會把你的心不在焉理解為你不誠實，心裡有鬼。我認識許多老實人，他們因為羞怯而不敢直視別人的眼睛，但是客戶們絕不會相信一個銷售員會害羞。因此，鼓勵你努力學會眼神交流法，不管它有多麼難。

同樣重要的是，你得注意態度真誠而不貪婪。要是賺得太狠，客戶就不願意與你再度合作。貪婪很可能毀掉你的信譽，使你失去更多的生意。你需要的是長期的、多次的合作，而合作只有在雙方都感到滿意的時候才稱得上是好的合作。

為了你的聲譽，你最好別去欺騙他人，因為被騙的人會把他告訴另一個人，而另一個也會轉告其他人，失去一樁生意並不意味著你只失去了一位客戶。千萬別因為一次交易的微薄利益得罪客戶而失去大量潛在的生意。當你給人好處的時候，影響就會像滾雪球一樣越來越大，你的錢包自然就會漸漸鼓起來，而聲譽也會相應得到提升。

俗話說：「老王賣瓜 —— 自賣自誇」，有些銷售員卻不真誠，總愛竭盡所能，把自己的商品吹得天花亂墜，並自以為這才是推銷的本事。其實，顧客對這樣的銷售員是很反感的。相反，如果銷售員能真誠坦言商品缺陷，更能贏得顧客的好感和信任。

經營房地產的王先生，面臨著一項艱巨的銷售工作，因為他要銷售的那塊土地緊鄰一家木材加工廠。儘管這塊土地接近火車站，交通便利，但是木材加工廠電鋸鋸木的噪音使一般人難以忍受。

王先生想起有一位顧客想買塊土地，其價格標準和地理條件與這塊地

大致相同，而且這位顧客以前也住在一家工廠附近，整天噪音也不絕於耳。於是，王先生去拜訪這位顧客。

「這塊土地處於交通便利地段，比附近的土地價格便宜多了。當然，之所以便宜自有它的原因，就是因為它緊鄰一家木材加工廠，噪音較大。如果您能容忍噪音。那麼它的交通地理條件、價格標準均與您的希望非常相符，很適合您購買。」王先生如實地對那塊土地作了介紹。

不久，這位顧客去現場參觀考察，結果非常滿意，他對王先生說：「上次你特地提到噪音問題，我還以為噪音一定很嚴重，那天我去觀察了一下，發現那種噪音的程度對我來說不算什麼。我以前住的地方整天重型卡車來來往往，絡繹不絕，而這裡的噪音一天只有幾個小時，而且，卡車通過時並不震動門窗，所以我很滿意。你這人真老實，要換上別人或許會隱瞞這個缺點，光說好聽的，你這麼坦誠，反而使我放心。」

就這樣，王先生順利地做成了這筆難做的生意。

試想，倘若王先生介紹那塊土地時僅說其優點，閉口不提其缺點的話，推銷成功的可能性也會降低不少。

只有真誠地替對方著想，對方才會與你合作。假如你還沒有找到誠實的話語，那至少也應該在誠實的素養和名譽方面進行投資，以此作為最好的發財致富的門路。

要看得起自己

別人看得起，不如自己看得起。只有充分了解自己的長處，才能保持奮發向上的幹勁。

一個紐約的商人看到一個衣衫襤褸的糖果銷售員，頓生一股憐憫之情。他把 1 美元丟進賣糖果的盒子裡，準備走開，但他想了一下，又停下

來，從盒子裡取了一把糖果，並對賣糖果的人說：「你跟我都是商人，只不過經營的商品不同，你賣的是糖果。」

幾個月後，在一個社交場合，一位穿著整齊的推銷商迎上來，並自我介紹：「你可能已經不記得我了，但我永遠忘不了你，是你重新給了我自尊和自信。我一直覺得自己和乞丐沒什麼兩樣，直到那天你買了我的糖果，並告訴我，我是一個商人為止。」

這位銷售員一直把自己當作乞丐，就是因為缺乏自信心，然而自從聽了紐約商人所說的話之後，他找到了自尊和自信，並改變了命運，開始了全新的生活。從中我們不難看出自信的威力。

瑪里‧居禮（Madame Marie Sklodowska Curie）曾經說過：「生活對於任何一個人都非易事，我們必須要有堅韌不拔的精神，最要緊的，還是我們自己要有信心。我們必須相信，我們對一件事情具有天賦的才能，並且無論付出任何代價，都要把這件事情完成。當事情結束的時候，你會問心無愧地說：『我已經盡我所能了。』一個人只要有自信，那麼他就能成為他所希望成為的人。」

有一位記性不好的人，他總是管不好自己的鑰匙，不是弄丟了，就是忘了帶，要不就是反鎖到屋裡了。他的 301 辦公室就他一人，老是撬門也不是個辦法，於是配鑰匙時他便多配了一把，放在 302 辦公室。這樣他無憂無慮過了好些日子。有一天，他又沒帶鑰匙，恰好 302 室的人都出門去了，他又吃了閉門羹，於是他在 303 也放了鑰匙。外邊存放的鑰匙越多，他自己的鑰匙也就管得越鬆懈，為保險起見，他乾脆在 304、305、306……都存放了鑰匙，多多益善。

最後就變成這樣的局面，有時候，他的辦公室，所有的人都進得去，只有他進不去；所有的人手中都有鑰匙，只有他的鑰匙無處可尋。到這

時，他那扇門鎖住的，就只有他自己了。

在現實生活中放棄自己的權利，讓別人的意志來決定自己生活的人實在不少。他們把自己上學、選擇職業、婚姻……統統託付或交給他人，失去了自我追求，自我信仰，也就失去了自由，最後變成了一個毫無價值的人。人生最大的缺失，莫過於失去自信。

一位畫家把自己的一幅佳作送到畫廊裡展出，他別出心裁地放了一枝筆，並附言：「觀賞者如果認為這畫有欠佳之處，請在畫上作上記號。」結果，畫面上標滿了記號，幾乎沒有一處不被指責。

過了幾日，這位畫家又畫了一張同樣的畫拿去展出，不過這次附言與上次不同，他請每位觀賞者將他們最為欣賞的妙筆都標上記號。當他再取回畫時，看到畫面又被塗滿記號，原先被指責的地方，卻都換上讚美的標記。

這位畫家不受他人的操縱，充滿了自信。他自信而不自滿，善聽意見卻不被其所左右，執著但不偏執。

畫展裡的這種情況，我們在現實生活裡也會常常碰到。同樣的事，同樣的人，常常會出現不同的待遇，產生不同的結果。仔細想想，這也並不奇怪，因為人世間每一個人的眼光各不相同，理解事物的角度也不盡一樣。所以遇事要運用正確的思維方式，不要完全相信你聽到的看到的一切，也不要因為他人的指責，鄙視而輕視自己，產生自卑感。

愛迪生（Thomas Edison）曾經嘗試用 1,200 種不同的材料作白熾燈泡的燈絲，都沒有成功。有人批評他：「你已經失敗了 1,200 次了。」可是愛迪生不這麼認為，他充滿自信地說：「我的成功就在於發現了 1,200 種材料不適合做燈絲。」

如果我們遇事都能這樣考慮問題，採用這種積極的思維方式，哪裡還會有煩惱，哪裡還會有自卑感？人的自卑感的存在和產生，並不是由於自己在

第一章　心態決定業績

能力或知識上不如人，而是由於自己不如人的心態和感覺。為什麼會產生不如人的心態和感覺呢？是因為有些人常常不用自己的「尺度」來判斷和評價自己，而喜歡用別人的「標準」來衡量自己。說白了，就是喜歡拿自己與他人相比較，尤其喜歡拿別人的優點長處與自己的缺點和短處相比較。

原本這些不一樣的東西，是不能進行比較的，越比較，就越自卑。這些簡單、明顯的道理，只要你相信它，接受它，你遇事就會掌握正確的思維方式，保持良好的心態，摒棄自卑，找回自信，學會讓自己支配自己，由自己去安排自己的生活，由自己去企劃自己的人生。

每個人都會確立一些人生的目標，要實現這些目標，首先你必須相信自己能夠做到。千萬不要讓形形色色的霧迷住了你的雙眼，不要讓霧俘虜你。在實現目標的過程中如果受到挫折，請記住，困難都是暫時的，只要充分相信自己，終能等到雲開霧散的那一天，而喪失自信心，不僅會帶來失敗，還常常會釀成人間悲劇。

自信就是自己信得過自己，自己看得起自己。美國作家拉爾夫·沃爾多·愛默生（Ralph Waldo Emerson）說過：「自信是成功的第一祕訣。」人們常常把自信比作發揮主觀能動性的閘門，啟動聰明才智的馬達，這是很有道理的。確立自信心，要正確評價自己，發現自己的長處，肯定自己的能力，自信不是孤芳自賞，夜郎自大；更不是得意忘形，毫無根據的自以為是和盲目樂觀；而是激勵自己奮發進取的一種心態，它代表一種高昂的鬥志、充沛的幹勁、迎接生活挑戰的一種樂觀情緒，是戰勝自己、告別自卑、擺脫煩惱的一種靈丹妙藥。

只有充滿自信，成功的可能性才會大增。如果你自己心裡認定會失敗，就永遠不會成功。沒有自信，沒有目標，你就會過著俯仰由人，平平庸庸的生活。

熱情可以改變人生

　　歷史上的許多巨變和奇蹟，不論是社會、經濟、哲學或是藝術，都因為參與者100%的熱情才得以實行。偉大人物對使命的熱情可以譜寫歷史，一般員工對工作的熱情則可以改變自己的人生。

　　愛默生曾經說過：「缺乏熱誠，難以成大事。」大多數人的貧窮，並不是因為他們缺乏智慧、能力、機會或是才氣，往往只是因為沒有以足夠的熱情全力以赴。

　　拿破崙‧希爾（Napoleon Hill）博士說：「要想獲得這個世界上最大的獎賞，你必須像最偉大的開拓者一樣，將所擁有的夢想轉化為實現夢想而獻身的熱情，以此來發展和銷售自己的才能。」

　　對事業傾注全部熱情是攝取財富必不可少的一環。希爾博士用兩個事例來論證自己的這一理論。

　　第一個是個反面例子：

　　有一天，希爾站在一家出售手套的商店櫃檯前，與受僱於這家商店的一名年輕人聊天。他告訴希爾，他在這家商店服務已經四年了，但由於這家商店的「短視」，他的服務並未受到店方的賞識，因此，他日前正在尋找其他工作，準備跳槽。

　　在他們談話中間，有位顧客走到他面前，要求看看一些帽子。這位年輕店員對這名顧客的請求不予理睬，一直繼續和希爾談話，雖然這名顧客已經顯出不耐煩的神情，但他還是不理。稍後，他把話說完了，這才轉身向那名顧客說：「這裡不是帽子專櫃。」那名顧客又問，帽子專櫃在什麼地方。這位年輕人回答說：「你去問那邊的管理員好了，他會告訴你怎麼找帽子專櫃。」

　　這位年輕人一直擁有一個很好的機會，但他卻不知道。他本來可以透過自己的熱情投入和他所服務的每個人結交朋友，而這些人可以使他成為這家店裡最有價值的人，因為這些人都會成為他的老顧客，而不斷回來向他購買。但是，對顧客的詢問不予理睬，或是冷冷地隨便回答一聲，是抓不住任何顧客的。

　　第二個是個正面事例：

　　一個雨天的下午，有位老婦人走進匹茲堡的一家百貨公司，漫無目的地在公司內閒逛，很顯然是一副不打算買東西的樣子。大多數的售貨員只對她掃一眼，然後就自顧自地忙著整理貨架上的商品，以避免這位老太太麻煩他們。只有其中一位年輕男店員看到了她，立刻主動地向她打招呼，很有禮貌地問她，是否有什麼需要幫忙的。這位老太太對他說，她只是進來躲雨的，並不打算買任何東西。年輕店員說，他們同樣歡迎她的到來。他主動地和她聊天，以顯示他的誠意。當她離開時，年輕人還陪她到門口，替她把傘打開。這位老太太向年輕人要了張名片就走了。

　　此後的一天，年輕人突然被公司老闆召到辦公室，老闆向他出示了一封信，是那位老太太寫的。這位老太太要求這家百貨公司派一名銷售員前往英格蘭，代表該公司接下裝潢一所豪華住宅的工作。

　　這位老太太就是鋼鐵大王卡內基的母親。

　　在這封信中，卡內基的母親特別指定這名年輕人代表公司接受這項工作。這項工作的交易額十分龐大。

　　這位年輕人得到了一次晉升的機會，而這機會的取得與他對工作的熱情是分不開的，他用自己的熱情投入，為自己創造了機會。

　　熱情是一種難能可貴的素養。只有熱愛工作、投入工作且滿懷熱情的人才能有所成就。

人壽保險銷售員法蘭克正是憑藉著熱情，創造了一個又一個奇蹟。他回憶說：當時我剛轉入職業棒球界不久，就遭到有生以來最大的打擊，因為我被開除了。我的動作無力，因此球隊的經理有意要我走人。他對我說：「你這樣慢吞吞的，哪像是在球場混了 20 年。法蘭克，離開這裡以後，無論你到哪裡做任何事，若不提起精神來，你將永遠不會有出路。」

本來我的月薪是 175 美元，離開那裡之後，我參加了阿特蘭斯球隊，月薪減為 25 美元。薪水這麼少，我做事當然沒有熱情。但我決心改變自己，努力試一試。待了大約 10 天之後，一位名叫丁尼‧密亭的老隊員把我介紹到新凡去。在新凡的第一天，我的一生有了一個重大的轉變。

我想成為英格蘭最具熱情的球員，並且做到了。

我一上場，就好像全身帶電一樣。我強力地擊出高球，使接球的人雙手都麻木了。我以強烈的氣勢衝入三壘，那位三壘手嚇呆了，球漏接了，我盜壘成功了。當時氣溫高，我在球場上奔來跑去，極有可能中暑而倒下去。

這種熱情所帶來的結果讓我吃驚，我的球技出乎意料地提升了，同時，由於我的熱情，其他的隊員也跟著熱情起來。另外，我沒有中暑，在比賽中和比賽後，我感到自己從沒如此健康過。第二天早晨我讀報的時候興奮得無以復加。報上說：「那位新加入進來的球員，無異是一個霹靂球手，全隊的人受到他的影響，都充滿了活力，他們不但贏了，而且是本賽季最精彩的一場比賽。」由於對工作和事業的熱情，我的月薪由 25 美元提升到 185 美元，多了 7 倍。在後來的兩年裡，我一直擔任三壘手，薪水加到當初的 30 倍之多。為什麼呢？就是因為一股熱情，沒有別的原因。

後來在一次比賽中，由於手臂受傷，法蘭克不得不放棄棒球。他來到人壽保險公司做保險員，但整整一年都沒有成績，他非常苦惱。後來，他

反思了一番，決心像當年打棒球一樣，對工作充滿熱情。由於對工作充滿熱情，他的業績得到迅速地提升。很快，他便成了人壽保險界的大紅人。後來，他不無感慨地說：「我從事推銷 30 年了，見到過許多人，由於對工作抱有熱情的態度，他們的效果成倍地增加，我也見過另外一些人，由於缺乏熱情而走投無路。我深信：熱情的態度是成功推銷的最重要因素。」

一個人只有有了熱情，才能把額外的工作視作機遇，才能把陌生人變成朋友，才能真誠地寬容別人，才能愛上自己的工作。

一個人有了熱情，就能產生濃厚的興趣和愛好；就會變得心胸寬廣，拋棄怨恨和仇視；就會變得輕鬆愉快，當然，還將消除心靈上的一切皺紋，也就沒有生活的擠壓感。無論是職場的，還是心理的壓力也會消除。

奧格‧曼狄諾（Augustine Og Mandino II）指出，熱情是世界上最大的財富。它的潛在價值遠遠超過金錢與權勢。熱情摧毀偏見與敵意，摒棄懶惰，掃除障礙。他認知到，熱情是行動的信仰，有了這種信仰，我們就會無往不勝。不管你要追求什麼，只要能長久保留熱情這個「武器」，都一定能順利得到。生命和事業都是如此。只要始終抱有熱情，就一定能得到超值的回報。

熱情是無價的財富，熱情則可以改變命運。一個人可以沒有金錢，但他不能沒有精神；一個人可以沒有權勢，但他不能沒有生活的熱情。

請對自己說，我還有機會

當你一次又一次地遭遇失敗時，請對自己說，我還有機會。並且堅信，成功就在下一個路口等你。

大家都熟悉愚公移山的故事，愚公之所以能夠感動天帝，移走太行、王屋二山。正是因為他具有鍥而不捨的精神。晉代的王獻之，練字之初，

立下誓言：「不寫完一缸水，誓不甘休。」後來終於成為一代了不起的大書法家，他同樣具有持之以恆的精神。孫中山先生，戎馬一生，他前十次革命均告失敗，但他百折不撓，終於在第十一次革命的時候，推翻了清王朝的統治，建立了中華民國。

這些故事，情節不同，但意義都是一樣的，它告訴我們，成功的關鍵，就是一定要有恆心。

有一所大學邀請一位資產過億元的成功企業家演講。在自由提問時，一位即將畢業的大學生問：「我參加過多次校內創業，可是沒有一次成功，最近參加多次校園招聘也沒有一次獲得簽約機會。請問我什麼時候才能成功，怎樣才能成功？」這位企業家沒有正面回答，而是講述了自己登山的經歷。

這位企業家攀登的是海拔 8,848 公尺的珠穆朗瑪峰（Mount Everest，或稱聖母峰）。由於他的登山經驗不足，加上高原反應很強烈，沒有控制好呼吸，氧氣消耗得很快。當他爬到 8,300 公尺左右的高度時，突然感覺有些胸悶，原來氧氣已經不多了。此時，擺在他面前的有兩種選擇：一種選擇是一邊往下撤，一邊向半山腰的營地求救，生命應該沒有危險，但登頂的機會就只能留到下一次了；另一種選擇是，先登上頂峰再說。不肯輕易認輸的他選擇了後者。

當他爬到 8,400 公尺的位置上時，發現路邊扔了很多廢氧氣瓶，他逐個撿起來掂量。在 8,430 公尺左右的一個路口，他撿到了一個盛有多半瓶氧氣的氧氣瓶。靠著這半瓶氧氣，他登上了頂峰，並安全撤回了營地。

這位企業家的登山經歷告訴我們：做事業，就像登山，受挫時，不要輕言失敗，更不要輕易放棄。

成功者與失敗者並沒有多大的區別，只不過是失敗者走了九十九步，

第一章　心態決定業績

而成功者走了一百步。失敗者跌下去的次數比成功者多一次，成功者站起來的次數比失敗者多一次。當你走了一千步時，也有可能遭到失敗，但成功卻往往躲在轉角後面，除非你拐了彎，否則你永遠不可能成功。

很多時候，只要再堅持一會兒，學會轉個彎，就能看到成功的曙光。

有一位汽車銷售員，剛開始賣車時，老闆給了他一個月的試用期。29天過去了，他一部車也沒有賣出去。最後一天，老闆準備收回他的車鑰匙，請他明天不要來公司。這位銷售員堅持說：「還沒有到晚上 12 時，我還有機會。」

於是，這位銷售員坐在車裡繼續等。午夜時分，傳來了敲門聲。對方是一位賣鍋者，身上掛滿了鍋，凍得渾身發抖。賣鍋者是看見車裡有燈，想問問車主要不要買一口鍋。銷售員看到這個傢伙比自己還落魄，就忘掉了煩惱，請他坐到自己的車裡來取暖，並遞上熱咖啡。兩人開始聊天，這位銷售員問：「如果我買了你的鍋，接下來你會怎麼做。」賣鍋者說：「繼續趕路，賣掉下一個。」銷售員又問：「全部賣完以後呢？」賣鍋者說：「回家再背幾十口鍋出來賣。」

銷售員繼續問：「如果你想使自己的鍋越賣越多，越賣越遠，你該怎麼辦？」賣鍋者說：「那就得考慮買部車，不過現在買不起……」兩人越聊越起勁，天亮時，這位賣鍋者訂了一部車，提貨時間是 5 個月以後，訂金是一口鍋的錢。

因為這張訂單，銷售員被老闆留下來了。他一邊賣車，一邊幫助賣鍋者尋找市場，賣鍋者生意越做越大，3 個月後，提前買了一部送貨用的車。

銷售員從說服賣鍋者簽下訂單起，就堅定了信心，相信自己一定能找到更多的用戶。同時，從第一份訂單中，他也悟出了一個道理：推銷是一門雙贏的藝術，如果只想著為自己賺錢，則很難打動客戶的心。只有設身

處地地為客戶著想，幫助客戶成長或解決客戶的煩惱，才能贏得訂單。秉持這種推銷理念，15 年間，這位銷售員共賣出了一萬多部汽車。這個人就是被譽為世界上最偉大的銷售員 —— 喬‧吉拉德（Joe Girard）。

　　人如果有恆心，再困難的事情也都可以做到；沒有恆心，再簡單的事也做不成。不要因為昨日的成功而滿足，因為這是失敗的先兆。要忘卻昨日的一切，是好是壞，都讓它隨風而去。要信心百倍，迎接新的太陽，相信「今天是此生最好的一天」。

　　成功需要有堅持到底的心態，需要持之以恆，當你一次又一次地被拒絕時，請對自己說：我還有機會，成功就在下一個路口！

賣產品不如「賣自己」

　　世界第一名汽車銷售員、金氏世界記錄保持者喬‧吉拉德說：「其實我真正賣的世界第一名的產品不是汽車，而是我自己 —— 喬‧吉拉德。以前如此，未來也是如此。」銷售領域裡一個最大的迷惑就是許多業務人員以為他們賣的是產品。其實，真正的推銷不是推銷產品，而是他這個人。同樣，顧客買的也不是你的產品，而是你的服務精神和態度。你是世界上獨一無二的產品。顧客喜歡你的為人、你的個性、你的風格，他才會購買你的產品。顧客買的是一種感覺，而這種感覺是你帶給顧客的。

　　一個顛峰的銷售人員二十四小時都在做銷售，不是銷售商品而是在銷售自己，銷售自己就是為了未來銷售商品做準備，先創建好自己無可替換的優秀形象以及人與人之間的信賴感，這也是為什麼有些銷售人員可以在很短的時間就完成銷售，有些人卻花了十倍以上的時間卻達不到想要的效果的原因，我們所看到的常常只是他人的成功銷售，卻沒有看到他為了成功銷售所作的努力準備。

　　推銷成功與否，往往決定於開始的 30 秒鐘，顧客通常都會對銷售人員的穿著打扮、言行舉止流露出來的資訊特別敏感。他們會在與你見面的 4 秒鐘內打下印象分數，這個印象分數是你推銷成功的關鍵因素。顧客對你的感覺是好是壞直接影響著你的成績。所以，在與顧客初次見面時，就要給顧客一個幹練、專業、誠實、值得信賴的印象。

　　在銷售中，個人形象是一個極為重要的元素。企業的形象包括企業文化和個人形象，企業文化正是透過我們這些銷售代表傳遞給客戶的。對於銷售人員來說，要有效地推銷自己，進而成功地銷售產品，就必須提升個人形象。

　　銷售員的工作是一項具有挑戰性和開創性的工作。良好的個人形象當然能夠促成訂單的簽訂，但是，僅靠好的外部條件也難以勝任，況且，外部條件的不足可以透過銷售員自身的學習、實踐和修養來彌補。如一個臉上長有粉刺的行銷小姐，在她向顧客推銷化妝品時，有的顧客看到她臉上的粉刺，因而對其產品的功效產生了懷疑。這位小姐也看出了顧客的疑慮，便鎮定自若地說：「這種化妝品對粉刺也有很好的效果，我以前滿臉都是，自從用了一盒之後，現在已經少多了……」正是由於這位行銷小姐的真誠與坦率才巧妙地化被動為主動，變不利為有利，現身說法，贏得了顧客的信任，從而增加了銷售額。所以，一個成功的銷售員不僅要有良好的外部條件，而且要有良好的知識修養和業務能力。因為銷售在某種意義上就是推銷自己，就是要在眾目睽睽的舞臺上發揮自如，博得每一個人的好感。然而誰也不能確切地告訴你討人喜歡是怎麼回事，不過那些討人喜歡者所具有的某些素養是可以解釋清楚的，即樂觀豁達、充滿自信、瀟灑的風度、幽默的談吐、諳熟交際、以誠待人等等。

　　要想樹立自己良好的形象，至少應注意以下幾點：

- **得體的衣著**：服裝要適合自己的身材，整潔、大方。了解自身體型的特點，有利於穿出得體的服裝，著裝時應揚長避短，展現自己的最佳外形。簡單的服裝款式比較容易搭配，也會顯得落落大方。最好避免過於新潮、誇張而又不適合自己的款式。總之，乾淨整潔、搭配和諧、適合自己並與銷售對象、場合和諧的著裝，才會給客戶留下美好的第一印象，也令自己感覺舒適、信心十足，無形中提升了你的成功率。

- **具有良好的語言習慣**：語言是銷售員與消費者之間進行交流的媒介，對行銷的成功與否有著重要的作用。所以，銷售員要充分運用語言藝術去說服顧客，在聲音的大小、語速的快慢、語言語氣的表達上進行深入的研究，養成良好的語言習慣。在國外，許多銷售員曾反覆對著鏡子練習，訪問顧客時的語言及表情，這正說明了養成良好的語言習慣的重要性。

- **必須富有幽默感**：幽默的談吐是緩和行銷氣氛、打破僵局、擺脫困境、引起顧客好感的重要方法。幽默能使銷售員增添超凡脫俗的魅力。所以，一個合格的銷售員應該具有幽默感。一切淺薄、粗俗的談話都將損害銷售員的形象。

由於人們本能的防衛心理，加上社會上對銷售員的工作還存在許多誤解和偏見，因此，使銷售員在一些人的眼中成為「不受歡迎的人」。不少銷售員好不容易與訪問對象見了面，但還沒有談到實質問題就被顧客拒絕了。所以，成功的行銷不僅要求銷售員有深厚的知識功底，而且要有良好的外部形象。因為銷售員在客戶面前首先要推銷自己，良好的外部形象是留給顧客良好印象的主要方面。

賣自己也就是一種魅力推銷，所謂的魅力推銷就是內外一致性。你的言行舉止、穿著打扮與你的心靈境界、內心涵養要是一致的，相諧調的。

那麼如何做到魅力推銷呢？

- 要具有強烈的企圖心，對成功有強烈的願望。
- 要比其他人更具有勇氣，願意面對別人的拒絕，迎接挑戰。
- 要有必勝的決心，熱愛自己的工作，對公司有強烈的信心，熱愛公司的顧客。
- 把自己當作專業人士，當作顧問。顧問的工作是幫助顧客解決問題。同時，自己的穿著也要有顧問的樣子。
- 對自己有充分的信心。
- 有著空杯的心態，謙虛的胸懷。要不斷地學習，不斷地進步。
- 善於思考，有著強烈的自我責任感，從來不責備人，不抱怨人，不找藉口，對顧客非常的尊重。

賣產品不如賣自己，你只要有著一流的精神狀態、一流的付出心態、一流的責任感，不管你賣什麼產品，顧客都願意接受。

主動把自己推銷出去

一個有才能的銷售員能否得到重用，很大程度上取決於他能否在適當場合展示自己的本領，讓他人了解。如果你身懷絕技，但藏而不露，他人就無法了解，到頭來也只能是空懷壯志，懷才不遇。而有積極表現欲的人總是不甘寂寞，喜歡在人生舞臺上唱主角，尋找機會表現自己，讓更多的人了解自己，讓伯樂選擇自己，使自己的才能獲得充分的發揮。從一定意義上說，積極的表現欲是推銷自己、走向成功的前提。但是很多人由於傳

統觀念根深蒂固，有一種極其矛盾的心態和難以名狀的自我否定、自我折磨的苦楚。在自尊心與自卑感的衝撞下，他們一方面具有強烈的表現欲，一方面又認為過度地出風頭是卑賤的行為。但在競爭激烈的今天，想做大事業，必須放棄那些不痛不癢的面子，更新觀念，善於向別人推銷自己。

常言道：「勇猛的老鷹，通常都把牠們尖利的爪牙露在外面。」善於推銷自己，是變消極等待為積極爭取，加快自我實現的不可忽視的手段。精明的生意人，想把自己的商品推銷出去，總得先吸引顧客的注意，讓他們知道商品的價值，這便是傑出的推銷方法。要想恰如其分地推銷自己，就應該學會展示自己，最大限度地表現出自己的美德，並把人生的期望值降低一點，適當地表現自己的才智，給自己一個全方位展示才能的機會。

我們之所以要主動推銷自己，引起別人的關心，主要是因為，機遇是珍貴的、稀缺的、稍縱即逝的，如果你能比同樣條件的人更為主動一些，機遇就更容易被你掌握。因此，主動出擊是俘獲機遇的最佳策略。另外，世界上總是伯樂在明處，「千里馬」在暗處，並且「千里馬」多而伯樂少。伯樂再有眼力，他的精力、智慧和時間都是有限的，等待可能會耽誤你的一生。既然我們都知道「守株待兔」的行為是愚蠢的，那麼我們就沒有必要去等待「伯樂」的出現，而是應該主動地尋找伯樂。更值得注意的一點是，時代在前進，歲月不饒人，隨著新人輩出，每個立志成才者都應考慮到自己所付出的時間成本。一次機遇的喪失，便可導致幾個月、幾年甚至是一輩子年華的白白浪費。明白了這個道理，我們就會產生一種緊迫感，重新思考自己的處世態度，在行動上要多幾分主動，以便使更多的人來注意自己。

毛遂自薦對很多人來說並不是一件簡單的事情，需要一定的膽識和勇氣。沒自信的人、害怕失敗的人是不敢嘗試的，而這也是造成一大批平庸

無為者的原因，更成為人才被埋沒的一個原因。只有有勇氣的人才能獲得成功。

美國老牌影星柯克‧道格拉斯（Kirk Douglas）年輕時十分落魄潦倒，沒有人認為他會成為明星。但是，有一次，柯克搭火車時，主動與旁邊的女士攀談起來，沒想到這一聊，聊出了他人生的轉捩點。沒過幾天，柯克被邀請到製片人那裡報到。原來，這位女士是位知名的製片商。如果柯克不主動和人攀談，推銷自己，那麼機會就會與他失之交臂。他也不會成為一名著名的演員了。

對於一個剛剛從學校畢業的大學生來說，如果你和其他同屆畢業生一樣，只會寄履歷表，墨守成規地做，絕不會有什麼出人意料的結果。如果你想短期內就有好消息，你就必須另闢蹊徑，勇於主動登門，推薦自己。對於那些已經工作，並有了一定事業基礎的人來說，建立一個受大眾歡迎的形象是一種長期投資，對事業的長遠發展具有不可估量的價值。其中，採用主動引起他人關心的方法就是一種捷徑。

所以，如果你真正是一個有才華有特長的人，關鍵的時候大可不必過度抑制自己，要適時做好自我推薦，以求得發展的機遇。要學會主動推銷自己。一個成功者，不僅應是一個偉大的製造商，善於生產社會最需要的產品，而且還應是一個偉大的銷售員，善於使人了解和接受自己的產品，把自己「推銷」出去。最大限度地表現出自己的長處，適當地表現自己的才智，給自己一個全方位展示才能的機會，這樣才能在激烈的競爭中脫穎而出。

機會可遇不可求，因此在很多時候是由我們主動爭取的，那些不敢、也不願意推薦自己的人，往往會讓機會與他失之交臂。

設計好目標，奮鬥吧！

　　銷售工作在世界上可以說是收入最高，但同時也是最難做好的工作；也可以說是收入最低，但同時也是最容易做的工作。它的報酬首先是取決於個人的目標，其次是個人的能力和努力程度。任何一個頂尖的銷售人員都有一個明確的目標導向，一個沒有明確目標導向的銷售人員就如同一艘沒有舵的船，自然無從奢望締造輝煌了，最終的結果就是失敗。沒有目標而導致失敗的人，遠遠多過沒有才能而失敗的人。人與人之間根本差別並不是天賦、機遇，而在於有無目標。所謂成功，就是實現既定的目標。所以，銷售人員成功的第一步，從設立目標開始。

　　銷售成功的第一步是確定你希望的年收入以及為實現這一目標所需要完成的銷售額。把年度銷售額和收入目標劃分為每月、每週甚至每天的目標。把你的年收入目標除以年度的平均工作日（250 天），計算出每天的收入目標。然後把你每月的收入目標除以 8 小時，得出每小時的收入。一旦確定了以小時為單位的收入目標，你就要馬上行動起來，只做這些可以實現該目標的工作，而不是把時間浪費在無關的事情上。

　　從現在開始，不要去做那些浪費太多的時間去聚餐、閒聊、酒吧。時刻保持嚴格的自律，充分而謹慎地利用工作日的每一個小時。把時間花在能為你帶來目標收入的事情上。建立目標是非常重要的。

　　建立目標要牢記：在實現目標的過程中，自身的提升比實現目標更重要。身為銷售員，不能沒有奮鬥目標和行動計畫，否則銷售工作便無從下手，如果是凌亂地、漫無目標地走訪幾家客戶，成功機率又會有多少？

　　制定目標可使銷售成功，不制定目標，就不能充分發揮其自身潛能。特別是對一名銷售員而言，如果沒有目標，就會變得無精打采、煩躁不

安，就會失去工作重點。確立了目標的人，在與人競爭時，就等於已經贏了一半。確立目標是成功的起點，所以，以業績為導向，用數位說話的銷售行業，銷售人員必須了解「確立目標」的重要性，鎖定目標，全力以赴，成功不會遙遠。

　　你的個人欲望和野心比其他任何因素都對你的銷售業績和收入產生更大的影響。要實現高銷售額，你必須首先把它確立為行動目標。

第二章　好口才，讓銷售順順利利

　　有人說，銷售人員是靠嘴吃飯的，一名出色的銷售人員一定要有出色的口才。只有有了出色的口才，才能夠讓客戶感受到你的魅力，才樂意購買你的產品。那些久經「沙場」的人，除了具備睿智的頭腦、洞察市場的慧眼之外，還有一張伶牙俐齒的快嘴，這是他們在商場攻無不克、戰無不勝的先決條件。好的口才能夠充分展示一個銷售人員的個人魅力，同時也給客戶帶來愉悅的享受。

生意是說成的

　　有的人說起話來娓娓動聽，讓人渾身舒服，忍不住會同意他的說法；有的人說起話來像一柄利刃，令人感覺渾身不自在；有的人說起話來，一開口就使人感到討厭。說話獲得的效果，也正像人的面貌各有不同一樣。

　　一個週末，許多青年男女佇立街頭，他們中間有不少人是等待與情侶相會的。有兩個擦鞋童，正高聲叫喊著以招攬顧客。

　　其中一個說：「請坐，我為您擦擦皮鞋吧，又光又亮。」

　　另一個卻說：「約會前請先擦一下皮鞋吧！」

　　結果，前一個擦鞋童攤前的顧客寥寥無幾，而後一個擦鞋童的喊聲卻獲得了意想不到的效果，一個個青年男女紛紛讓他擦鞋。

　　這究竟是什麼原因呢？

　　第一個擦鞋童的話，儘管禮貌、熱情，並且附帶著品質上的保證，但與此刻青年男女們的心理差距甚遠。因為，在黃昏時刻破費去「買」個「又光又亮」，顯然沒有多少必要。人們從這裡聽出的印象是「為擦鞋而擦鞋」的意思。

　　而第二個擦鞋童的話就與此刻男女青年們的心理非常吻合。「月上柳梢頭，人約黃昏後」，在這充滿溫情的時刻，誰不願意以乾乾淨淨、大大方方的形象出現在自己心愛的人面前？一句「約會前請先擦一下皮鞋」正是說到了青年男女的心裡上。這位聰明的擦鞋童，正是傳送著「為約會而擦鞋」的溫情愛意。「為約會而擦鞋」抓住了顧客的心，因而大獲成功。

　　生意不完全是做出來的，很大一部分是談出來的，如果你是一位老闆，必須擁有卓越的說話能力和講演技巧，讓你的嘴巴充滿智慧，才能說服對方，感化對方，贏得對方。

　　鞋店老闆做生意的方法是，若客人試穿皮鞋時，發覺新鞋緊了些，老

闆便會立刻解釋：「這樣才適合，因為品質良好的皮鞋，在穿著的時候，會適度地放鬆，很快便能適合你的腳。」若新鞋太鬆的話，老闆又會說，「這樣才合適，因為品質好的皮鞋，在穿著當中，會適度地收緊，很快就能適合你的腳。」又若是新鞋很合腳，老闆會立刻高興地說：「啊，這雙鞋你穿最合適了，因為品質好的皮鞋，是不會過緊或過鬆的，並且形態永遠不會改變。」

所以，無論皮鞋是否真的合腳，老闆都可以將鞋賣出去。若將這三句話並列在一起聽，就可發現其中有很奇妙的地方：倘若只是一句話，會令人感到：「是嗎？品質好的皮鞋真的是如此嗎？」而相信老闆所說的話了。

這是做生意的要訣，大部分的生意人都使用這種詭辯的技巧來大量銷售其產品。

百貨公司賣領帶的專櫃小姐也是充分地利用口才來售貨的。這位小姐所接受的職業教育是，若發覺顧客在摸領帶或注視領帶時，就盡力勸顧客買，如果是年輕男士在看華麗鮮豔的領帶時，便說：「先生，你真有眼光，年輕人打這種華麗鮮豔的領帶，顯得朝氣而有活力。」若他是注視樸素的領帶，則說：「年輕人繫樸素淡雅的領帶，看起來高雅大方。」如果是中年男士選擇華麗的領帶，就勸說：「這領帶一點也不鮮豔，像您這樣的年紀繫這種領帶，一定顯得高貴。」反之，中年男士若選擇與年齡相配合的領帶時，則說：「這領帶很適合您，正顯出您沉穩、自信的氣質。」往好的一方面解釋，店員對顧客的建議可使顧客對自己的眼光產生信心，也可以說這是一種服務。

溝通從「嘴」開始，你若不會說，不會表達，縱有滿腹經綸，想擊敗與征服對方也是十分困難的。一個人即使勤奮得如一頭老黃牛，知識淵博得像一部大百科全書，若缺乏良好的談吐能力，財富也不會輕易靠近他。

練就一口商場語

　　商場上，語言就顯得更為重要了。可以說每一個環節都離不開嘴，每一次交易都不亞於一場外交活動。採購需要說動賣方，銷售需要說動買方，爭得利益需要討價還價，雙方或多方合作需要談判。就是求職應聘也需要有很好的謀略貢獻給老闆。這些都需要張嘴去「說」。缺少語言，沒有一定的語言藝術都是不行的。所以，商人這個職業多半也是靠嘴的職業。有人分析「商」字是「八口」撞開「大門」。雖然有點牽強，也不能說沒有一點道理。因此有人說「好手好腳，不如長個好嘴」。也就是說在某種情況下，「好嘴」能比「好手好腳」創造更大更多的價值。

　　商場語言是一門綜合藝術，學會商場上的語言是一件不容易的事。在商場上，說話的態度一定要做到認真而誠懇。只有做到認真與誠懇，才能使人相信，只有使人相信，才能達到預期的效果。作為商業活動中的採購員在很大程度上需要說動賣方，而作為一個售貨的銷售員需要說動買方，其中最重要的就是要有誠信。正所謂「精誠所至，金石為開」。

　　真誠，需要莊重而不能輕浮，需要認真負責而不能花言巧語或者信口開河。有些商人為了使人相信，往往把話說得過了頭，甚至採取發誓、賭咒的方式以表示自己的真誠。這是不可取的。

　　商場中固然提倡真誠，但凡事不能「過頭」，頭腦還要學會靈活，針對不同的「戰爭」情況，採取不同的「策略」。

　　王某是一位秉性率直之人，現在已是商界某一行業著名的經紀人。在五年前，他在一位朋友的帶動下投入了商場，由於他平時心直口快慣了，總是以為「誠信」為商業之本，為此吃了不少虧。所謂誠信，就是以自己的真誠去對待別人；所謂真誠，就是有話就說，從不用謊言去欺騙對方。

有一天，他經朋友介紹，直接和某公司的一位主管洽談一筆汽油生意。在他與主管相見後，人家並不急著切入正題，而是漫無邊際地與王某聊了起來。從有關交通的問題談了起來。轉了幾個彎後，人家又隨隨便便地問了一句：「本地的汽油行情看漲，不知貴地情況如何？」王某也沒有多想，便以實相告。這下可好了，待到正式洽談時，對方知道他要貨心切，就擺出一大堆汽油如何緊銷，如何如何難取得，其言下之意是，我之所以願意和你做這筆生意，還是很看重朋友的面子，同時也是非常的講信譽，可是在價格上，卻絕不再退讓半步。到了最後，那筆生意以王某的讓步而成交。王某雖然也賺了一筆，可是與原來所約定的差價相比，卻因自己說錯了話而不疼不癢地吃了個大虧，白白讓對方多賺去近 100 萬元。

在商業交往過程中，因為心直口快而被放走利潤的情況也是時常存在的。也就是，什麼事情不預先進行調查，不去摸清對方底細，只考慮到己方的需求，一開口便顯出一副財大氣粗的樣子，將自己所需要商品的價碼開給對方，最後會讓對方鑽你的漏洞，使生意砸鍋或者讓對方大獲利益。

在這裡，著重介紹幾種克服心直口快毛病的策略：

- 要學會多角度、多側面地去考慮問題，而不要執迷不悟，鑽牛角尖。
- 不管遇到什麼事情都要先多作一番調查，而不要盲目地下結論。
- 如果涉及商業上的利益，要學會守口如瓶。
- 一定要善於觀察對方的表情。
- 盡可能地把說話的速度放慢一些。

如果客戶需要你的建議具有信任度與權威性，你就需要運用恰當的語言策略來表現出你這方面的優點。那麼，如何才能順利地進行具體操作呢？

- **運用「忠誠」的語言表達技巧操作要領**：首先要知道客戶的意圖、需求，只要我們能夠順著客戶的意圖、需求來說話，經過一段時間之後，就可以使客戶欣賞你的為人，因為你們的想法是和需求一致的。可以回顧一下你周圍的朋友，覺得對你最忠誠的朋友有哪些？他們都有什麼樣的特徵？

  經過一番認真的思考，你就會發現與明白，對你最忠誠的朋友是一些能夠理解你並且總是和你的行事意圖相一致的人。

- **運用「智慧」的語言表達技巧操作要領**：在進行論述或者發表意見的時候，你需要表現出自己的淵博知識。雖然你的智慧程度和你的知識面很有可能無法畫等號，但是，你廣博的知識常常能夠為你的客戶留下智慧的印象，並且開始重視你的為人。

- **運用「果斷」的語言表達技巧操作要領**：一個人的果斷是由他的自信表現出來的，一個人的優柔寡斷便是自身不夠自信的一種表現。

  一個人的果斷往往表現在：

  - 是非觀念是不是十分明確？
  - 判斷依據是不是符合思維邏輯？
  - 分析能力是不是能夠洞察問題的本質？

  在你平時和客戶交流的過程當中，如果你所作的分析能夠洞察到事物的本質，並且針對這些分析還能夠做出比較明確的判斷，那麼在經過一段時間之後，你在客戶心目中就會留下非常果斷的印象。

- **運用「可信性」的語言表達技巧操作要領**：自身的觀點是不是可信，在於你的證據是不是讓人感到可信，你的論證是否符合正常的邏輯。所有的這些都需要你列舉出一些有說服力的證據，透過論證的方式，

將各種方案的優劣、長短逐一地進行比較分析，並從中選擇出最佳的執行方案。

擺事實、講道理是一種常用的說服客戶的最有效的辦法。

不論是哪個客戶都具有精明而又理智的一面，如果你能夠透過有力的證據以及有說服力的方案獲得客戶的認可與稱讚，在經過一段時間之後，客戶對你的建議的可信程度自然就會提升很多。

- **運用「權威性」的語言表達技巧操作要領**：樹立權威最好的辦法就是要能夠找出其他待選方案的缺點與不足，透過這些比較，自然就可以建立起自己的權威性來。顯然，如果能夠找出權威性的依據自然就會更好。

在商場中，主張以誠信作為根本，對於一些有理有據的事物，可以適當地進行宣傳，但是不要超出一個尺度。否則，就會適得其反。

商場上的語言不僅是一門學問，也是一門綜合性的藝術。如果掌握了這門藝術，這張「好嘴」就能達到「好胳膊好腿」都達不到的作用。

銷售離不開鐵嘴銅牙

銷售產品，首先要讓對方接受自己，如何才能讓對方接受自己呢？你必須運用語言藝術打動對方的心。

當你說話時，你發送出兩個資訊。第一個是你說出的內容；第二個是你說話的方式。一句內容精妙的句子可以用刺耳的聲音說出，也可以用缺乏熱情的呵欠或心不在焉的、嘟嘟囔囔的、猶猶豫豫的和其他不計其數的聲音表達。

著名的專業銷售員波頓在強調引人入勝的說話方式時，列舉了五條說話原則：

- **清楚地說話，精確地、清楚地發出每一個音節**：為了清晰起見，應該保持平均每分鐘 150 個詞的語速。不要因為句尾綴接的不必要的語氣詞，而影響了一個良好、清楚的表達。

- **以交談的方式談話**：一個好的說話者會讓你對自己說：這個說話者不是一位道貌岸然的人，也不是一位煽動家。相反，他或她是個招人喜歡、對人平等而且可以信賴的人。

- **誠摯地談話**：每一個成功的說話者在他或她的聲音中都有一種「火警」的特質。它蘊含的強烈誠摯會刺痛你的脊椎。在廣播電臺時代，播音員的聲音中是否具備這種特質十分關鍵。比如：正是這種特質和其他因素一起，使溫斯頓·邱吉爾（Winston Churchill）在英國廣播電臺的「最美妙時刻」的節目中得到了聽眾的信任。

- **熱烈地談話**：為了啟動你的聲音，你要改變說話的語速，變化你的音高或調整你的音量。班傑明·富蘭克林（Benjamin Franklin）·羅斯福的演講好像是一輛觀光巴士：在不重要的地方加速，然後在經過風景名勝的地方，放慢速度。

- **避免「詞語鬍鬚」**：不要因為「嗯……」或緊張的乾咳而使自己的表達大為遜色。摒棄所有矯揉造作的個人風格或手勢，因為這些只會轉移聽眾對你說話內容的注意力。

一個成功的銷售員在推銷中是極其注重口才的，是否擁有「巧舌」，決定著推銷的成敗。成功的銷售員在運用以上 5 種說話原則時，總是恰當得體的。一個優秀的銷售員，對於新人，不講舊話；對於舊人，不言新語；對於淺者，不講深意；對於深者，不談俗論；對於俗人，不講雅事；對於雅士，不說俗情。他們所說的話，都不是自己要說的話，而是對方要說的話。說話的目的，不在炫耀自己的長處，而在鼓動對方的熱情。

首先如何稱呼顧客就大有學問。稱呼要恰當，使對方有親切感。稱呼顧客隨便一些還是正式一些，要根據推銷場合的不同而有所區別。如果是在辦公室談生意，稱呼對方「張局長」、「李經理」就顯得比較嚴肅正式，而若是到顧客家中做訪問，則可根據對方的年齡、性別等稱呼對方「趙大哥」、「王大媽」等等，一下子就拉近了雙方的距離。反之，要是不顧具體情況，在辦公室也親熱地「趙大哥」、「王大媽」叫個不停，恐怕就要讓人懷疑你的智商了。如果不懂得人情世故，講話無所忌諱，就會自討沒趣。

有一位日用化工廠的銷售員，他考慮到中年知識分子應該受到愛護和照顧，便到一個研究所裡去推銷「染髮」、「防皺」的美容化妝品。遺憾的是他並沒獲得成功，其原因就是他的言語引起人們的反感。他是這樣說的：「在座的有不少知識分子。人到中年嘛，如俗話所說，人過四十，頭上的白髮一天比一天增多，臉上的皺紋一天比一天粗重，正一步步向老年邁進，今天我給大家送來了幾種美容商品，雖無返老還童之力，但總可幫助大家遮遮醜……」

顧客越聽心裡越不是滋味，訕笑著站起來說：「算了吧！人越老學問越多，也許越懂禮貌，我們還是聽任白髮和皺紋自然地增添吧！」說完，客氣地將他請了出去。

推銷是面談交易的一種方式，整個推銷活動中，從接受顧客到解除疑慮，直至最後成交，都離不開口才。俗話說：「良言一句三冬暖，惡語傷人六月寒。」可見，會不會談話是有很大不同的。

擁有好口才的成功生意人不是單純地將一些詞彙排列組合，或者僅僅為了表達意思，而是要透過有效溝通達到商業目的。這就要求，說話的內容要吸引人，說話的方式要委婉、真誠。

妙語橫生生意來

　　戴爾・卡內基（Dale Carnegie）說過：「一個人的成功，約有 15% 取決於技術和知識，80% 取決於人際 —— 發表自己意見的能力和激發他人熱忱的能力。」

　　依照銷售心理學的分析，最好的吸引客戶注意力的時間就是當你在開始接觸他的頭 30 秒，只要你能夠在前 30 秒內完全吸引住他的注意力，那麼在後續的銷售過程中就會變得更加輕鬆。用問題吸引對方的注意力，永遠是比較好的做法。

　　每一位銷售人員都應該設計一個獨特且吸引人的開場白，藉此在短短的幾秒鐘之內吸引客戶的注意力，讓他停下手邊的事，專心地開始聽你的介紹。

　　當我們接觸客戶的時候，客戶總是會有很多的藉口，在那個時候，我們的銷售過程總是比較艱辛的，所以坐下來討論，如何才能夠更有效率地接觸我們的潛在客戶，我們知道潛在客戶或者是那些在企業內能夠有決定權來決定是否購買我們產品的人，他們背後真正的需求是什麼。每當我們打電話到一家公司或者去拜訪一家公司的時候，我們會首先向他們公司的接待小姐說，請問你們公司負責產品採購的是哪一個部門或是哪一個人？當我們得到這個資訊之後，我們就要求接電話的小姐，將電話轉到這個經理或是老闆那裡，然後就直接地問：「某某經理，請問你有興趣了解在未來的 3 ～ 6 個月之內提升貴公司 30%～ 50% 的業績的方法嗎？」

　　通常我們所得到的第一個回應會是什麼呢？大部分的客戶會問：「這是什麼東西呢？」而我們就要直接說：「如果你有興趣的話，我可以去拜訪你，只要花 10 分鐘的時間。」當運用這種方式後，你發現有 80% 以上的機會，可以很容易地見到你的潛在客戶。

　　開場白還可透過自問自答的方式來設計。我們應該想想，客戶如果問我們：「為什麼我應該放下手邊的事情，專心聽你來介紹你的產品呢？」這時候你的答案應該在 30 秒之內說完，而且能夠讓客戶滿意並且吸引他的注意力。所以設身處地地站在客戶的立場來問問你自己，為什麼他們應該聽你的，為什麼他們應該將注意力放在你的身上，記住，開場白只有 30 秒。

　　好的開場白應該會引發客戶的第二個問題，當你花了 30 秒的時間說完你的開場白以後，最佳的結果是讓客戶問你，你的東西是什麼？每當客戶問你是做什麼的時候，就表示客戶已經對你的產品產生了興趣。如果你花了 30 秒的時間說完開場白，並沒有讓客戶對你的產品或服務產生好奇或是興趣，而他們仍然告訴你沒有時間，或是沒有興趣，那就表示你這 30 秒的開場白是無效的，你應該趕快設計另外一個更好的開場白來替代。

　　你要從頭到尾控制著買賣的氣氛，讓顧客對你一見如故，不要讓對方有機會說「不」。

扭轉僵局，緩和氣氛

　　談判以互利互惠為目標，以洽談磋商為手段，以認可合作、簽約成交為終結。但談判又是一種競爭，其結果的「互利」並非均等式的「二一添作五」。談判結果各方滿意的程度又常常以雙方的優勢、實力、經驗對比為轉移。因此，當我們在談判中感到陷入於己不利的困境時，必須善於採取一些出其不意的特殊口才技巧，扭轉原來的危機，並從中謀求更多的利益。

　　在談判的過程中，由於雙方維護各自的利益，使得一些專案能夠達成協議，而在另一些專案上出現意見分歧，有時甚至使談判出現了僵局。這時候，我們若不打破僵局，談判就無法進行下去。要想打破僵局，一方面

我們可以用語言鼓勵對方在這方面努力；另一方面可以利用尋找替代的方法來完成。

▌亮底求變法

就是出其不意地撇開原來已談妥的事項，透過亮出己方的客觀困難、局限性，請對方承諾我方的新要求。新的要求雖然似乎顯得有點不守信用，但因我方不是以翻臉不認帳的強硬態度出現，而是以我方的客觀困難為據，作了合情合理的解釋，有時是會獲得一定效果的。

其原因有二：

- 談判本來對對方較有利，對方更急於達成協議，他們出於「惜失心理」有可能被迫重新做出某種程度的妥協來保住前邊的談判成果。

- 人類常有某些幫助弱者實現某種願望的自炫心理，這種「亮底求助」法用得好，能引發對方的這種心理，讓對方既表現了商務上的最大實力與寬宏氣魄，又表現了維護合作、目光長遠的卓越見識，他們有時候是會欣然接受的。

▌車輪戰術

這種戰術往往是在談判中段，處於形勢不利的一方為了扭轉局面而採用的手法。

比如：由於己方因原先考慮不周，作了某些不當的承諾；或者雙方的談判陷入僵局，我方又說服不了對方；或對方眼見形勢有利，急於成交，咄咄逼人，我方難以招架之時。使用此法者抓住對方此時急於求勝、害怕節外生枝的「惜失心理」，有意製造或利用某些客觀原因，讓上級適時召回或撤換原先的談判負責人或某些重要成員，讓另外一個身分相當的人替

代，並利用其身為新介入者的有利條件的特殊情況，改變談判局面，使之朝著於己方有利的方向發展。

其具體策略是：

- 如果需要撤銷前邊的於己不利的允諾，替補者可以用新的負責人的身分，做出新的有理有據的分析，否定前任所做出的讓步與承諾的不合理性，提出新的合作方案。

- 如果需要打破僵局，替補者可以避開原來爭吵不休的議題和漩渦，另闢蹊徑，更換洽談的議題與角度；也可以繼續前任的有利因素，運用自己的新策略，更加有效地促使對方做出新的讓步；還可以以對方與前任矛盾的調和者身分出現，透過運用有說服力的資料、例子，去強調所謂公平、客觀的標準與雙方的共同利益，使大事化小、小事化了，以贏得被激怒的對方的好感，為下面談判的正常化打下基礎。

- 如果對方成交心切、咄咄逼人時，替補者出現後可以利用對方怕拖、怕變的心理壓力，以新的分析為依據要求談判重新開始，從而迫使對方改變態度，為了維護原方案的主要利益而主動做出新的讓步。

事實上，在車輪戰術中，替補者是有其特殊的優勢和作用的。因為他借助前任的努力，已比較了解對方的長短之處與特點，可謂知己知彼，而對方對我方替補者則一無所知；另一方面替補者雖然也是己方代表，但他與前任畢竟又是兩個人，他對前任的意見比較容易找出理由來提出不同見解。這樣，他「進」可以憑藉原有成果繼續擴大；「退」則可以把責任往前任身上一推而另起爐灶；還可以打扮成「協調者」來提出實際上仍有利於己方的「合理化建議」。

▌軟硬兼施法

就是在談判中遇到某些出乎意料但又必須馬上做出反應的問題，或在某些問題上對方完全應該讓步卻偏偏不肯讓步，從而使談判陷入僵局的情況下，我方的負責人（或主談者）找一個藉口暫且離開，然後由事先安排充當「扮黑臉」的談判者披甲上陣，佐以在場輔助者，以突然變得十分強硬的立場與態度，與對方展開唇槍舌劍的較量。死磨硬纏，寸步不讓，從氣勢上壓倒對方，給對方造成一種錯覺。從而迫使對方無可奈何地開始表示願意考慮讓步，或者誘使對方在怒火中失言失態。

一旦「扮黑臉」的「拚搏」取得預期效果時，原先的負責人及時回到談判桌上，但不必馬上表態，而是讓己方的「輔助者」（原先有意不介入「奮鬥」）以緩和的口氣和誠懇的態度略述剛才雙方的矛盾，然後我方負責人根據對對方心態的分析，以「扮白臉」的姿態，以協調、公允的口吻，誠懇的言辭，提出「合情合理」的條件（往往高於或等於原定計畫），使對方剛才「失勢」時頹喪惱怒的心態得到某種程度的緩解與補償而樂於接受。

在這過程中，如果有必要，身為「扮白臉」的負責人甚至應輔以對己方「扮黑臉」粗魯言行的批評訓斥，以顧全對方的面子，並向對方致歉。這樣，在一「軟」一「硬」兩班人馬的默契配合、交替進攻之中，我方正好擺脫困境，重新掌握主動權。

▌許可權抑制法

許可權抑制法就是假如在談判中發覺形勢對己方太不利，想藉故使談判擱淺以求轉機；或對己方已承諾的條款感到太虧，想改變條款，實施者出其不意地將並不在談判桌上的「上級」或「第三者」抬出來，聲稱某些

關鍵的問題談判者無權決定，需請求主管或者有關主管部門審批；或者以請求委託者批覆為藉口，把矛盾轉移到非談判者身上，使談判擱淺，讓對方除了被動地等待別無他法。然後，藉口主管或有關委託者認為對方條件「太苛刻」，不予批准等理由，迫使對方做出讓步。

面對這種情況，對方只有兩條路：要麼做出適當讓步來達成協議，要麼退出談判。由於大多數談判者都不甘心因小失大，只好以退讓求成交，這就是許可權抑制法的效果了。

▌尋找替代的方法打破僵局

在談判中，因雙方各執一辭、相持不下時，雙方的交易也就自然而然地陷入了僵局。這時候如果光用語言去打破僵局是不容易成功的。在這種情況下我們就應該考慮選用其他方法去化解僵局。可以採用以下具體替代方法：

- 更換商談小組的人員或領導者。
- 另選商議的時間。例如：彼此再約定好重新商議的時間，以便討論較難解決的問題。因為到那時也許會有更多的資料和更充分的理由。
- 改變售後服務的方式。例如：建議減少某些繁瑣的手續，以保證日後的服務。
- 改變承擔風險的程度。願意分享未來的損失或者利益，可能會使雙方重新走向談判桌。
- 改變交易的形態。使互相爭利的情況改變為同心協力、共同努力的團體。讓交易雙方的老闆、工程師、技工彼此連繫，互相影響，共同謀求解決的辦法。
- 找一個調解的中間人，當然這個人要有一定的威信和協調感召能力。

- 設立一個由雙方人員組成的研究委員會。
- 適當讓步，讓對方有更多的選擇機會。
- 先跳過這個問題，討論其他較容易解決的問題，然後再留待合適的機會解決難解決的問題。
- 暫時休會，適當地放鬆中透過聯絡雙方感情，再以較緩和的態度來解決問題。

面對僵局採用這些方法，以己方的誠意喚起對方合作的誠意，使雙方能再度開誠布公地進行談判。

用語言鼓勵對方打破僵局，可以適當說些笑話以緩和氣氛，或者適當更換談判人員，轉變談判的主題。

巧用語言，討價還價

凡做過銷售的人，都會有這樣一個感受：客戶的討價還價就像一支美麗卻讓人心碎的戀曲，永遠伴隨自己左右。討價還價是商場主管空見慣的事，如果想為自己爭得利益，一個行之有效的方法就是運用巧妙的語言。比如說，本公司提供的是優質服務和優質產品，不想用降價來取勝，面對著顧客強烈殺價的要求，要能夠運用堅定的口氣，心平氣和地和顧客說清楚此商品為什麼不能降價。

顧客經常會問：「這件商品能打多少折扣呢？」

經營者回答道：「十分抱歉，由於我們的產品在品質上是從不打折扣的，所以在價格上面也就很難打折扣。」

顧客：「XX 公司答應如果我們買他們的產品，就給我們九五折，你們為什麼不給折扣呢？」

經營者：「據我們所知，給折扣的公司早已把那 5% 的利潤打入到了售價之中。本公司絕對不用這種『羊毛出在羊身上』的辦法討好客戶。其實那是在欺騙客戶。我們現在的售價，是最合理的最低售價，您難道不認為我們是個有信用的公司嗎？」

在這個例子當中，經營者抓住公司的聲譽做起了文章，這樣使對方感覺到公司確實是能夠讓人信任的，因為他們寧可冒減少銷售量的危險，也不做一些騙人的勾當。

有一個關於拒絕買方的顧客提出減免代辦費要求的例子：

「請你們估價，不必付代辦費了吧！」顧客提出了如此的要求。

「我們制定了十分明確的會計制度，客戶便能夠隨時向我們進行查詢，與此同時客戶也十分愉快。因此，我們估價是要收代辦費的。」

這正是所謂的生意人拒絕顧客減付代辦費要求的話。這話說得如此婉轉，然而十分的堅決，沒有半點讓步的跡象。

人們在決訂購買大量商品的時候，儘管也都很想從各方面節省出一部分開支，可是能否省下各項中的一部分開支，在通常情況下不會影響到最後交易的促成。這正如用 25,000 元去買一臺鋼琴，也就不在乎 800 元的簡易琴椅了。一個頭腦精明的商人，善於抓住顧客的購物心理，做到咬緊價格不放鬆，從而增加許多額外的收入。

當然，平時的討價還價也需要講究技巧，如果雙方在價錢上一味地相持不讓而不轉換話題，其最終結果根本不可能出現「柳暗花明又一村」的情景。當你因為價格與顧客的意見發生分歧的時候，你可以利用商品的代價問題來剖析價格的合理性。

某個青年正想著要購買一套音響設備，可是由於此類商品的種類實在太多，再加上個人經濟方面的限制，一時也很難作決斷。正當他徘徊不定

時，一位年輕的營業員看穿他的心思，於是便上前問道：「你十分想買這套音響是吧？不可否認這些東西的價格看起來十分昂貴，你需要慎重考慮才能做出決定。我想你如果再到其他商店比較比較，也許這對你來說是很有利的。」這些話也正是這位顧客心裡正在想的「貨比三家不吃虧」，這位青年也真的就去其他幾家商店作觀察與比較。他發現那些商店中的音響設備雖然價低一些，可是品質上如外觀、音質、音色等都比較差。最終，他又回到這位年輕營業員的商店，沒有半點猶豫地向他買了一套音響。

討價還價可謂是生意場當中永遠也不會改變的合奏曲，只要你能夠抓住每一個顧客的購物心理，然後再運用口才學的技巧，相信，沒有一直不會改變的顧客，只有咬緊價格不變的商人。

面對客戶的討價還價，我們可以在「不虧老本、不失市場、不丟客戶」這一原則下靈活掌握。經過一番激烈討還，價格一旦「敲定」，必須馬上簽訂協定將其「套牢」，不給對方一絲的反悔和變卦的機會。

好的開場白讓你成功一半

好的開場白是推銷成功的一半。在實際推銷工作中，銷售員可以首先喚起客戶的好奇心，引起客戶的注意和興趣，然後道出商品的利益，迅速轉入面談階段。好奇心是人類所有行為動機中最有力的一種，喚起好奇心的具體辦法則可以靈活多樣，盡量做到得心應手，不留痕跡。

為了接觸並吸引客戶的注意，有時，可用一句大膽陳述或強烈問句來開頭。1960 年代，美國有一位非常成功的銷售員喬‧吉拉德。他有個非常有趣的綽號，叫做「花招先生」。他拜訪客戶時，會把一個三分鐘的蛋形計時器放在桌上，然後說：「請您給我三分鐘，三分鐘一過，當最後一粒沙穿過玻璃瓶之後，如果您不要我再繼續講下去，我就離開。」

　　他會利用蛋形計時器、鬧鐘、20 元面額的鈔票及各式各樣的花招，讓他有足夠的時間讓顧客靜靜地坐著聽他講話，並對他所賣的產品產生興趣。

　　假如你總是可以把客戶的利益與自己的利益相結合，提出問題將特別有用。顧客是向你購買想法、觀念、物品、服務或產品的人，所以你的問題應帶領潛在客戶，幫助他選擇最佳利益。

　　美國某圖書公司的一位女銷售員總是從容不迫、平心靜氣地以提出問題的方式來接近顧客。

　　「如果我送給您一小套有關個人效率的書籍，您打開書發現內容十分有趣，您會讀一讀嗎？」

　　「如果您讀了之後非常喜歡這套書，您會買下嗎？」

　　「如果您沒有發現其中的樂趣，您把書重新塞進這個包裡給我寄回，行嗎？」

　　這位女銷售員的開場白簡單明瞭，使客戶幾乎找不到說「不」的理由。後來，這三個問題被該公司的全體銷售員所採用，成為標準的接近顧客的方式。

　　專家們在研究銷售心理時發現，洽談中的顧客在剛開始的 30 秒獲得的刺激訊號，一般比以後 10 分鐘裡所獲得的要深刻得多。很多情況下，銷售員對自己的開場白處理得夠不夠理想，幾乎可以決定一次銷售訪問的成敗。因此銷售的開場白是極其重要的。

　　為了防止顧客分心或考慮其他問題，在銷售談話開始時多動些腦筋十分重要，必須認真對待，表述時必須生動有力，句子簡練，聲調略高，語速適中。講話時目視對方雙眼，面帶微笑，表現出自信而謙遜、熱情而自然的態度，切不可拖泥帶水、支支吾吾。一些銷售高手認為，一開場就使

顧客了解自己的利益所在是吸引對方注意力的一個有效思路。

斯蒂溫想拜訪一家大公司的總裁，這家公司是全球數一數二的大企業。在與該公司的公關副總裁約翰·卡森（John Carson）進行一連串的通訊與電話交談之後，對方終於為他安排了一個會面時間。

斯蒂溫苦心安排這次會談的目的，是要對該公司的高級主管做一番推銷說明，希望他們能允許他撰寫一本有關此公司的書籍。因為要寫成此書，斯蒂溫必須要訪談該公司 150 名左右的職員，所以獲得該公司管理階層的認可是絕對必要的。如果沒有這項應允，他就不可能寫出這本書。而要獲得管理層的認可是非常難的。

在與管理層的見面會上，斯蒂溫起身以最溫婉謙和的聲音說道：「各位女士先生，我今天十分榮幸地在這裡對貴公司的高層經理人發表談話。貴公司真是我國歷史上最優秀的組織之一。當我還是一名小男孩時，我便對貴公司仰慕不已。」

斯蒂溫知道這一番話聽起來官腔十足，但是十分見效，所以他接下去說：「今天能在此對各位發表談話，的確是我事業生涯中最精彩的時刻。畢竟，你們肩負的是這個 10 億美元跨國企業的未來。今天，你們將寶貴的時間交給我，所以我要告訴你們我要著手編寫的這本書的內容，是有關貴公司的歷史，以及現在進行的專業管理模式。所有貴公司的重要決定都是由你們做出的，因此對我這本書的認可成為你們最容易的決定了。事實上，與好多真正的大決策相比，這無疑是一件最容易的決定。

「我真的很高興你們今天能邀請我來參加這個會議，因為在 20 分鐘後我走出這裡時，我已經知道你們的決定是什麼了。這正是我對你們這些頂尖主管的仰慕所在，也就是你們能將公司管理得如此成功的原因。我曾經見過一家大公司的主管們，我不會說出他們的名字，但是你們絕對不相信

我忍受了多大的不幸，全都因為他們無力做出決定。他們在完成任何一件事之前，都必須經過無數官僚程序的推諉搪塞。我發誓，我再也不會和這家公司共事，因為他的管理已經陷入了官僚主義中而無法自拔，以致於高層經理人無法做出重要的決定。我腦中有著許多寫書的好點子，我的生命中實在不需要這類的不幸。如果我意識到某家公司正令我陷入這種不幸的話，我會跨步離去，選擇和其他的公司一起工作。」

斯蒂溫緊接著逐章地說明這本書所要寫的內容，這項解說耗費了大約10分鐘。最後他又主持了5分鐘的回答。

在他回答完數個問題之後，最高主管說話了：「我看不出我們不放手讓斯蒂溫寫這本書的理由，他可以開始進行這本書了。有人不同意嗎？」

每個人都點頭表示贊同，當約翰關上他辦公室的門之後，對斯蒂溫說：「如果我沒有親眼看到的話，我實在不會相信。我本來不認為在這次會議上，你的書會有任何機會能獲得通過。事實證明，我恭喜你完成了一項不得了的演講和推銷。」

斯蒂溫用他的「三寸不爛之舌」完成了一項頗為艱巨的任務，這便是口才的巨大魅力。做生意若想更加順利和成功，擁有這種超出常人的口才是十分必要的。

好的開場白，應該像一個簡潔而且吸引人的廣告。通常，首先應該在拜訪客戶之前就要針對其需求做好準備，如果對客戶需求不是很了解，那麼可以假設一個多數顧客會接受的需求。其次，再將產品中真正能夠滿足其需求的利益點明確的陳述出來，這樣才能引發客戶的興趣，為下一步的順利拜訪打下基礎。

把話說到心坎上，錢不愁賺

與人交談，有時可能「話不投機半句多」；而如果說話投緣，就會「言逢知己千句少」，給交際架起絢麗的彩虹。會不會說話，關鍵就是看你說出來的話，是不是對方喜歡聽的話，需要聽的話。

一位電子產品銷售員在銷售產品時，與顧客進行了這樣一番對話：

銷售員：「您孩子快上國中了吧？」

顧客愣了一下：「對呀。」

銷售員：「國中是最需要啟蒙智力的時候，我這裡有一些遊戲卡，對您孩子的智力提升一定有幫助。」

顧客：「我們不需要什麼遊戲卡，孩子都快上國中了，哪可能讓他玩這些。」

銷售員：「我的這個遊戲卡是專門為國中設計的，它是數學、英語結合在一起的智力遊戲，絕不是一般的遊戲卡。」

顧客開始猶豫。

銷售員接著說：「現在是一個知識爆炸的時代，不再像我們以前那樣一味從書本上學知識。現代的知識是要透過現代的方式學的。您不要固執地以為遊戲卡是害孩子的，遊戲卡現在已經成為孩子的重要學習工具。」

接著，銷售員從包裡取出一張磁卡遞給顧客，說：「這就是新式的遊戲卡，來，我們試著做一下。」

果然，顧客被吸引住了。

銷售員打鐵趁熱：「現在的孩子真幸福，一生下來就處在一個良好的環境中，家長們為了孩子的全面發展，花多大代價都在所不惜。我去過的好幾家都買了這種遊戲卡，家長們都很高興能有這樣有助於提升孩子學習能力的產品，還希望以後有更多的系列產品呢。」

顧客已明顯地動了購買心。

銷售員：「這種遊戲卡是給孩子的最佳禮物！孩子一定會高興的！」

結果，顧客心甘情願地購買了幾張遊戲卡。

在這裡，銷售員巧妙地運用了口才藝術，一步一步，循循善誘，激發了顧客的購買欲望，使其產生了擁有這種商品的感情衝動，促使並引導顧客採取了購買行動。

的確，妙語一句可以引得財源滾滾，也可以解陷身之困，對於銷售員來說，良好的口才是說服顧客的利器，是賺錢的根本，是掌握主動權的保證。

俗話說：「逢人短命，遇貨添錢。」假如你遇著一個人，你問他多大年齡了，他答：「今年50歲了。」你說：「看先生的面貌，只像30歲的人，最多不過40歲罷了。」他聽了一定喜歡，這就是所謂的「逢人短命」。又如走到朋友家中，看見一張桌子，問他花多少錢買的，他答道：「花了400元。」你說：「這張桌子，一般價值800元，再買得好，也要600元，你真是會買。」他聽了一定高興。這就是所謂的「遇貨添錢」。人的天性如此，自然也就有了這樣的說法。

看來，恭維的語言的確能夠達到點石成金的效果。不過恭維別人還需要掌握火候，做到恰到好處，這是生意場上所必須掌握的語言技巧。

那麼，如何準確地掌握恭維，使恭維恰如其分而又不失度呢？這就需要你注意以下幾點。

- **注意交際的對象**：交往中，要注意交際對象的年齡、文化、職業、性格、愛好、特徵等等，恭維對方時要因人而異、掌握分寸，如果是新交，則更要小心謹慎。比如：你對一個為自己身材過於肥胖而愁眉不展的女孩說：「你的身材真的很好！」對方一定會認為你是在取笑她

而大為不快。但如果是一個身材較好的女孩，你說出這句話，就可以使對方對你的好感和信任增加。現實生活中，還有不少有識之士喜愛結交「道義相砥、過失相規」的「畏友」，這些人喜歡「直言不諱」，你越是能夠一針見血地指出他的不足，他就越喜歡你，相反，你若恭維他，他就會討厭你。和這類人交往，使用恭維就一定要謹慎再謹慎了。

- **掌握說話的時機**：掌握說話的時機很重要，恰到好處的善言會達到意想不到的效果。尤其是恭維，應該切合當時的氣氛、條件。你一旦發現了對方有值得讚美、恭維的地方，就一定要及時大膽地讚美、恭維，別錯過了時機。不適時機的恭維，無異於南轅北轍，結果往往事與願違，甚至還會產生一定的副作用。另外，還應該注意一點：當朋友發現自己的某種不足而正準備改正時，你卻對著朋友的這種不足大加讚賞，這絕不會令你的朋友滿意的。

   「朋友有勸善規過之誼」的古訓，在現代交際中也仍然適用。

- **注意恭維的尺度**：恭維的尺度往往直接影響恭維的效果。恰如其分、不留痕跡、適可而止的恭維能夠讓一個人在交際場上更成功。倘若使用過多華麗的詞藻、過度的恭維、空洞的奉承，只會讓對方感到不舒服、不自在，有時候甚至感到難堪、肉麻、厭惡。

如果你對一位字寫得比較好的人說：「你寫的字是全世界最漂亮的！」結果極有可能使雙方難堪，但如果你這樣說：「你的字寫得好漂亮！」朋友一定會很高興，說不定他還要向你描述一番他練字的經過和經驗呢！

當然，恭維的程度不夠也無法達到預期的目的。

另外，恭維還需要真誠，要做到不留痕跡。真誠的態度是交際者成功的要素。交際中恭唯一定要表現得真誠，要讓人感到你是發自內心的，是

情意真切的，要知道無美可讚而勉為其難，還不如避而不談為好。

　　恭維是善言者出色的表現，恰當得體的恭維話將會讓你的銷售工作更順利。察言觀色，揣摩對方心理，理解別人，才能說出別人喜歡聽的話。

投其所好，話到錢來

　　一個人能說會道，能把話說到對方心裡去，不僅是口才的藝術，更是實現理想的捷徑。學會說話，說別人愛聽的話，是人生的必修課。有時一句恰到好處的話，可能會改變一個人的命運。

　　與人交談時，如何才能把話說到別人心坎上去呢？如果能較好地運用以下四種方法，就能把話說到別人的心坎上，就會使你「言到成功」。

- **根據別人的興趣愛好說話**：人們因職業、個性、閱歷及文化素養等方面的不同，興趣和愛好也有所不同。而且，有些人的興趣、愛好還會因時因地而有所不同。比如：有的人年輕時對垂釣感興趣，而到了晚年，卻愛好養花種草。而你若知道你的交際對象對某方面感興趣，你與之交際時如果先談些與其興趣有關的話題，對方就容易向你打開話匣子。

- **根據別人的潛在心理說話**：話要說到別人的心坎上，就要注意揣摩你的交際對象心裡在想什麼。如果你說的話與對方的心理相吻合，受話人就樂於接受；反之，你說的話就會使受話人產生排斥心理。

- **根據別人的性格特點說話**：平時，我們面對的交際對象性格迴異，有的生性內向，不僅自己說話比較講究方式方法，而且也很希望別人說話有分寸、講禮貌。因此，與這樣的交際對象交談時，要注意說話方式，盡可能對其表現得尊重和謙恭些。

- **根據別人的不同身分說話**：我們在生活中要與不同身分的人交際說話，因此，針對不同的身分，所選話題也應有所不同，要選擇與之身分、職業相近的話題。

「懂得投其所好，就能成為銷售冠軍」。這是世界上最偉大的銷售員喬‧吉拉德的一大成功心得。事實上，談論小孩、寵物、花卉、書畫、運動、嗜好等，都是在投其所好，都可以迅速縮短你與客戶雙方的心理距離，從而對成功銷售、拿下訂單達到極大的推動作用。

小剛是大學剛畢業的法律系學生，因為律師考試未能透過，只好在一家法律事務所當職員。按公司規定，試用期間每一個人在一個月內都要拉到一家新客戶。可是他剛離開學校不久，又沒有任何的背景，每次去拜訪一些陌生的新客戶，不是吃了閉門羹，就是要他回去等消息。

眼看一個月的期限就快到了，他已經是心灰意冷，打算另謀出路。沒想到這個時候奇蹟出現了，他不但開發出一個新客戶，而且還借著這個客戶的引薦，一連增加了十幾家新客戶。他不但沒有被炒魷魚，反而晉升成正式職員，後來薪水也連跳好幾級，成了該事務所的「超級營業員」。

小剛究竟憑著什麼本領，成為了「超級行銷員」呢？以下內容是他的自述：

「當天，我愁眉不展地不得不踏入那家公司。到了門口的時候，我想到以前幾次的閉門羹，就更加躊躇不安。忽然我看了公關主任桌上的名片，我想到我有辦法了。

「原來這位主任的名字蠻奇怪的，竟然叫做『万俟明』，而我恰好又很喜歡看傳統小說，以前在看《說岳傳》時，書中有個壞人的名字就叫『万俟禹』。這個人與岳飛同朝為官，但因為岳飛見他時不以禮相待，兩人因此不和。後來他便迎合奸相秦檜在朝中一再攻擊岳飛。在紹興十一年

時，將岳飛父子下獄治死。

「我看《說岳傳》時年紀還小，一看到『万俟禼』三個字，就不知道怎麼讀，所以我特地查了字典，才知道這三個字的讀音。也正是因為這樣，我才知道『万俟禼』這兩個字的正確讀音。

「當時我一看見這人的名片上寫著『万俟明』，我就禮貌地向前稱呼他：『万俟（ㄇㄛˋㄑㄧˊ）先生，我是法律事務所的職員，今天特別來拜訪您。』

「才說完這句話，對方就吃驚地站起來，嘴裡結巴地說著：『你……你……你怎麼知道我的姓，一般人第一次都會念錯，大部分人都叫我萬先生，害得我總是解釋一次又一次，煩死了。』

「我聽了以後感覺這次拜訪似乎有了個好的開始，於是我接著說：『這個姓是複姓，而且又很少見，想必有來由的吧！』

「對方聽到這裡，更是顯得神采飛揚，高興地說道：『這個姓可是有來由的，它原是古代鮮卑族的部落名稱，後來變成姓氏的拓跋氏，就是由万俟演變而來的。』

「我看到對方越來越高興，於是說道：『那您就是帝王之後，系出名門了！』

那位万俟明先生聽了後更加高興地說下去：『豈只是這樣，這個姓氏一千多年來也出了不少名人，例如：宋代有個詞學名家叫万俟詠，自號大梁詞隱，精通音律，是掌管音律的大晟府中之制撰官，另外寫了一本書叫《大聲集》。後人都尊稱他万俟雅言。』

用這個少見的姓氏做話題，讓我和那位公關主任聊了起來，儘管我並未說明來意，更沒談什麼細節，但光憑這次愉快的交談，就讓我開發出了一家財團做客戶。而這家財團旗下所有的關係企業，全都與事務所簽下了

合約，聘我們做法律顧問，為我們事務所增加了前所未有的業績，同時也充實了一下自己的腰包。」

　　兩個彼此陌生的人初次見面，如果不能適時地找出話題，必然不能取得溝通的成功。當然，如果不能進行良好的溝通，又怎能合作，生意自然就談不成了。像剛才說話的那個年輕人，明明自己知道「万俟」這個字的讀音，是來自《說岳傳》中的那個奸臣万俟禹，可是為了能投對方所好，故意裝糊塗，讓對方去吹噓他姓氏中那些光榮歷史，使對方感覺很有面子，因此就為未來的生意奠定了一個成功的基礎。

　　做生意如果不善言辭，必定要吃虧。用美言滿足對方，對方會用實惠的錢財滿足你。

讓對方心悅誠服地接受

　　一個銷售員，只有掌握高明的說服技巧，才能在變幻莫測的談判過程中，左右逢源，達到自己的目的。

　　生意談判中的說服，就是綜合地運用聽、問、敘等各種技巧，改變對方的最初想法而接受己方的意見。說服是談判過程中最艱巨、最複雜，同時也是最富有技巧性的工作。下面分兩個方面來論述：

▌創造說服對方的條件

- 要說服對方改變初衷，應該首先改善與對方的人際關係。當一個人考慮是否接受說服之前，他會先衡量說服者與他熟悉的程度，實際就是對你的信任度。
- 在進行說服時，還要注意向對方講你之所以選擇他為說服對象的理由，使對方重視與你交談的機會。

- 掌握說服的時機。在對方情緒激動或不穩定時；在對方喜歡或敬重的人在場時；在對方的思維方式極端定勢時，暫時不要說服，這時你首先應該設法穩定對方的情緒，避免讓對方失面子，然後才可以進行說服。

說服的一般技巧

- 努力尋求雙方的共同點。談判者要說服對方，應極力尋求並強調與對方立場一致的地方，這樣可以贏得對方的信任，消除對方的對抗情緒，用雙方立場的一致性為跳板，因勢利導地解開對方思想的扭結，說服才能奏效。

- 強調彼此利益的一致性。說服要立足於強調雙方利益的一致性，淡化相互間的矛盾，這樣對方就較容易接受你的觀點。

- 要誠摯地向對方說明，如果接受了你的意見雙方將會有什麼利弊得失。這樣做的好處是：一方面使人感到你的意見客觀、符合情理；另一方面當對方接受你的意見後，如果出現了意想不到的情況，你也可以進行適當的解釋。

- 說服要耐心。說服必須耐心細心，不厭其煩地動之以情，曉之以理，把接受你的意見的好處和不接受你的意見的害處講深、講透，不怕挫折，一直堅持到對方能夠聽取你的意見為止。在談判實踐中，常遇到對方的工作已經做通，但對方基於面子或其他原因，一時又下不了臺。這時談判者不能心急，要給對方一定的時間，直到瓜熟蒂落。

- 說服要由淺入深，從易到難。談判中的說服，是一種溝通，因此也應遵照循序漸進的方法。開始時，要避開重要的問題，先進行那些容易說服的問題，打開缺口，逐步擴展。一時難以解決的問題可以暫時拋開，等待時機再行說明。

- 不可用脅迫或欺詐的方法說服。說服不是壓服，也不是騙服，成功的說服必須要展現雙方的真實意見。採用脅迫或欺詐的方法使對方接受意見，會給談判埋下危機。

有些人在談判中，運用說服技巧時，常常由於沒有考慮到對方這種心理，無意中刺傷了對方，導致談判的失敗。

談判中的說服，要堅持以下一些原則：

- 不要只說自己的理由
- 分析對方的聽力
- 研究對方的需求
- 窺測對方的心理
- 不要急於奏效
- 消除對方的戒心
- 改變對方的成見
- 了解對方的特點
- 尋找雙方的共同點
- 不要一開始就批評對方
- 態度要誠懇
- 不要過多地講大道理
- 要注意場合
- 不要把自己的意志和觀點強加於對方
- 平等相待
- 巧用相反的建議
- 承認對方「情有可原」

- 不要指責對方
- 激發對方的自尊心
- 考慮你的第一句話

談判開始時先討論容易解決的問題。強調雙方處境的相同處，強調彼此處境的差異，更能使對方了解和接受。強調合約中有利於對方的條件，這樣才能使合約較易簽訂。

站在顧客的角度來說話，你定贏

商場行銷中，只有將心比心站在顧客的角度為他精打細算，從而降低對方戒備心理、防禦心理，使其產生認同感，才能促使交易成功。

在一次化妝品展銷會上，某公司幾位年輕的銷售人員，運用十分專業的語言將公司產品原料、配方、性能、使用方法，向顧客詳細地做了介紹，給人留下非常專業的印象。在回答消費者提出的形形色色的問題時做出的反應對答如流、彬彬有禮、幽默風趣，給消費者留下了難忘的印象。

消費者問道：「你們的產品真像你們的廣告中所說的那麼與眾不同，那麼優秀嗎？」一位銷售人員幽默的答道：「您試過後的感覺會比廣告上說得更好。」消費者又問：「那如果我買回家去，試過後不像你們的廣告打出的那麼好怎麼辦？」另一位銷售人員笑著說：「此時我們正在想像您為之陶醉的表情。」

無疑這次展銷會是成功的，不僅讓產品銷量超過往次，更重要的是產品品牌的知名度大大提升。在公司的總結會上，經理特別強調，對銷售人員在語言上訓練的重要性。在以後的行銷技能培訓上，在「說話」上又下了一番苦功夫。

可見語言在促進感情和思想交流，保持關係的和諧方面有著非常重要的作用。對於銷售人員來說，語言是與客戶進行溝通的媒介，任何推銷活動首先必須用語言搭起溝通的橋梁，進而展開行銷活動，最終達到行銷目的。所以說，語言交流是行銷活動的開端，這個頭開得好與不好，直接影響到交易的成敗。由此可見，話說得適當，與客戶的距離自然會拉近，生意就可能做成。

某商場，有一位業務很出色的營業員，她很會做生意，每個月的銷售額都要高出其他營業員一大截，有人問她原因：「你有什麼高超的技術讓生意如此興隆？是不是因為你能說會道啊？」

她回答說：「不是。」

那麼到底她的行銷祕祕訣是什麼呢？下面讓我們看看她在某一天的銷售情景，你就會了解她的行銷方法：

這一天，一位顧客棧在櫃檯前左顧右盼，時不時用手摸摸櫃檯上的布料，但卻沒有買貨的跡象。她根據自己的經驗判斷這位顧客是有買布料的想法，於是忙上前招呼道：「您是想要這種布料嗎？這塊料子很不錯，但是您仔細看看就能發現，它染色深淺不一致，如果我是您，就不要這一塊，而買那一塊。」說著，就從櫃檯裡抽出另一匹布料，展開接著說，「您年齡和我差不多，形象氣質都很好，穿這種料子的衣服會更美觀、更大方，價錢只比您剛才看到的那種每公尺多三十塊多錢，一身衣服下來也就只多七十塊多，您看看哪個更划算些？」顧客被她的熱情、坦誠打動了，買下了她推薦的料子。

顧客有千萬種，目的只有一個，購物。企業有千萬行，目的也只有一個，賺錢。但顧客是消費者，握有購買主動權，可以選擇你，也可以選擇他，誰掌握了顧客的心理，誰就掌握了市場。

　　顧客是實在的，也是充滿了變數的，只要我們總是站在對方的立場上去考慮，多為對方著想，事情也許就不那麼複雜。只要摸準了顧客的心理，也就掌握住了顧客的錢袋。用辯證的思維來做事做生意，雙方才能達到雙贏。

多聽少說更高明

　　聽」是一門藝術，是推銷的禮節，這種藝術和禮節的首要原則就是全神貫注地聽取對方發表高見。

　　每個人都希望在銷售中提升自己聽的效率，做一個好的傾聽者。而要想做一個好的傾聽者，就要了解善於聽講的人有哪些特徵，然後自己也去學習。

　　美國的推銷大王路易士，在談到他成功的訣竅時說：「我的成功，可以完全總結為一條經驗——善於聽客戶說話。我的任務是把對方的話匣子打開，剩下的事情，就是洗耳恭聽。」

　　他能夠做到這一點是很不簡單的，因為能夠使對方多說話，表示了對方對我們的提案關心並有誠意。如果客戶對我們、我們的產品和服務不關心或沒誠意，是絕不會有多少話說的。

　　由於對方說得多，所以最後我們得到的結論是對方的選擇，讓他以自己的意志做出選擇，縱然這中間不乏我們的誘導，那我們的作用也不過是順水推舟，幫他下結論罷了。

　　在推銷過程中，談話是在傳遞資訊，聽別人談話是在接受資訊。身為推銷中的一方，即使在聽的時候，也是主動的。聽人談話，並非只是簡單的用耳朵就行了，也不止於用心去理解，還需積極地做出各種反應。這不僅是出於禮貌，而且是在調節談話內容和洽談氣氛。

在銷售溝通中，傾聽是促使顧客做出購買決定的非常重要的手段。專家提供的資料表明；任何面談的成功，約有 75% 依賴銷售人員傾聽功能的發揮，而只有 25% 是依賴談話技巧來完成的。所以，掌握傾聽的藝術和技巧是優秀銷售人員必備的素養。

邁克是一位汽車銷售員，他從一個到他的車行來買車的人那裡學到一招。邁克花了近半小時才讓一位顧客下定決心買車。邁克所做的一切都不過是為了讓那人走進他的辦公室，簽下一紙合約。當那人向邁克的辦公室走去時，那人開始向邁克提起他的兒子在密西根大學（University of Michigan）學醫。那人十分自豪地說：「邁克，我兒子要當醫生。」

「那太棒了。」邁克說。當他們繼續向前走時，邁克向其他許多銷售員們看了一眼。

邁克把門打開，一邊看那些正在看著邁克「演戲」的銷售員們，一邊聽顧客說話。

「邁克，我孩子很聰明吧，」他繼續說，「在他還是嬰兒時我就發現他相當聰明。」

「成績非常不錯吧？」邁克說，仍然望著門外的人。

「在他們班最棒。」那人又說。

「那他高中畢業後打算做什麼？」邁克問道。

「我告訴過你的，邁克，他在密西根大學學醫。」

「那太好了。」邁克說。

突然，那人看看他，意識到邁克忽視他所講的話，看上去有點奇怪。

「嗯，邁克」，他驀地說了一句「我該走了」。就這樣，他走了。

下班後，邁克回到家想想今天一整天的工作，分析他所做成的交易和他失去的交易，邁克開始考慮白天見到的那個人。

第二天上午，邁克給那個人打了電話說：「我是邁克，我希望您能再來一趟，我想我有一輛好車可以賣給您。」

「哦，世界上最偉大的銷售員先生，」他說，「我想讓你知道的是我已經從別人那裡買了車。」

「是嗎？」邁克說。

「是的，我從那個欣賞、讚賞我的人那裡買的。當我提起我對我的兒子吉米有多驕傲時，他是那麼認真地聽。」

隨後他沉默了一會兒，又說：「邁克，你並沒有聽我說話，對你來說我兒子吉米成不成為醫生並不重要。好，現在讓我告訴你，當別人跟你講他的喜惡時，你得聽著，而且必須全神貫注地聽。」

頓時，邁克明白了他當時所做的事情。邁克此時才意識到自己犯了多麼大的錯誤。

「先生，如果那就是您沒從我這裡買車的原因，」邁克說，「那確實是個不可原諒的錯誤。如果換成是我，我也不會從那些不認真聽我說話的人那裡買東西。對不起先生，現在我希望您能知道我是怎麼想的。」

「你怎麼想？」他說道。

「我認為您很偉大。我覺得您送兒子上大學是十分明智的。我敢打賭您兒子一定會成為世上最出色的醫生。我很抱歉讓您覺得我無用，但是您能給我一個贖罪的機會嗎？」

「什麼機會，邁克？」

「有一天，如果您能再來，我一定會向您證明我是一個忠實的聽眾，我會很樂意那麼做。當然，經過昨天的事，您不再來也是無可厚非的。」

3 年後，他又來了，邁克賣給他一輛車。他不僅買了一輛車，而且也介紹他許多的同事來買車。後來，邁克還賣了一輛車給他的兒子，吉米醫生。

注意傾聽客戶的談話等於重視、尊重他們，但傾聽需要耐心，而傾聽又會讓你得到更多的客戶資訊。但是，在實踐中，有許多銷售人員養成了不良的傾聽習慣，引起了客戶的反感，從而失去客戶。

　　那麼，有哪些不良的傾聽習慣是需要銷售人員克服的呢？

- 搶著說話，使客戶無法說下去。有些銷售人員不要說傾聽，甚至連交談的最基本原則都做不到。他們總是把顧客的話當成耳邊風，每當對方一開口，就立刻打斷對方的話。銷售人員需要明白，想使交易成功，客戶的長篇大論是成功到來的有效標誌，應該為此高興，而不應該打斷顧客的話。

- 總是反駁對方的觀點，無論顧客說什麼，他們都要提出相反的意見，總是要顯示自己高人一等，而不去聽顧客後面要說的話，這樣的做法也是不對的，會讓客戶感到厭煩。

- 傾聽的過程中不能集中精神，總是分心。有些銷售人員在與客戶說話時，總是思考自己接下來該說什麼或是想著其他的事，就是不集中精力聽客戶說話，易受別的事情干擾。優秀的銷售人員總是想辦法讓客戶比自己說得更多，如果不能專心聽客戶說話，就會打擊客戶說話的欲望。

- 不做記錄或者企圖記錄一切是大多數銷售人員都有的不良傾聽習慣，他們在傾聽客戶談話時要麼一點筆記也不做，要麼企圖把客戶說的話全部記錄下來。事實上，銷售人員如果不做筆記，事後回想客戶所說的話時，可能什麼也記不起來；相反，如果試圖記下客戶所說的一切，則會使你無法與顧客進行目光交流。銷售人員應該做一些簡要的筆記，只記重要的細節，如日期、數量、時間、交貨日期以及帳號等，這樣才能更有效。

- 有的銷售人員在與顧客溝通的過程中不注重對方所說的事，而是注重其說話的方式。如果銷售人員總是注意到顧客的咬舌、口吃、地方口音、語法錯誤等用語習慣，而不注意說話人的思想和感情，不僅不能幫助銷售人員在與客戶的交談中獲得想要的資訊，還會引起客戶的極度反感。

- 不敢正視顧客的眼睛，有些銷售人員由於恐懼或者自身的習慣不去看客戶的眼睛，眼睛不是正視對方而是看向別處或是低頭看地面，從而讓客戶認為銷售人員根本就不重視他的存在。而且，銷售人員在和客戶的談話中也可以從其眼神中獲得一定的資訊，而不敢正視客戶的眼睛就不可能獲取顧客眼睛中流露出的資訊。

客戶的話語對於銷售員來說非常重要。銷售員要善於注意聽客戶的談話、話語的內涵，明白客戶話語背後的真實的意思。透過卓有成效的聆聽，銷售員往往能把握時機地從客戶的話語中發掘出銷售的機會，從而提升自己的銷售業績。

好的傾聽者有哪些特徵呢？

- **虛心**：銷售的一個主要議題是溝通資訊、聯絡感情，而不是智力測驗或演講比賽，所以在聽人談話時，應持有虛心聆聽的態度。有些人覺得某個問題自己知道得更多，就斷然中途接過話頭，不顧對方的想法而自己發揮一通，這同樣是不尊重對方的表現。他們急於發言，經常打斷對方的講話，迫不及待地發表自己的意見，而實際上往往還沒有把對方的意思聽懂、聽完。

在一般場所，如果你不贊成對方的某些觀點，除非是對你無話不談的知心朋友，否則一般應以婉轉的語氣表示疑問，請對方解釋得詳細一

些。或者說：「我對這個問題很有興趣，我一直不是這樣認為的」、「這個問題值得好好想一想」。即使你想糾正對方的錯誤，也需在不傷害對方自尊的條件下以商討的語氣說：「我記得好像不是這樣的吧……」「貴方在以往的銷售中似乎是另一種做法……」如此這般，就足以使對方懂得你的意思了。不必要的爭辯，會打亂雙方和睦的交往氣氛。有時，人們剛剛認識，沒有談上幾句就破局了，常常是由於雙方互不讓步，都想糾正對方的「錯誤」，以致於彼此都感到話不投機半句多了。

聽比說快，聽話者在銷售過程中總有時間等待，在這些時間空隙裡，應該回味對方談話的觀點、要求，並把對方的要求與自己的願望作互相比較，預先想好自己將要闡述的觀點與理由，設想可能有的與對方之間的可行的推銷方案。

- **耐心**：就一般交談內容而言，並非總是包含許多資訊量的。有時，一些普通的話題，對你來說知道得已經夠多了，可對方卻談興很濃。這時，出於對對方的尊重，應該保持耐心，不能表現出厭煩的神色。

  據統計，我們的說話速度是每分鐘 120 ～ 180 個字，而大腦思維的速度卻是它的 4 ～ 5 倍。所以對方還沒說完，我們早就理解了，或對方只說了幾句話，我們就已知道了他全部要說的意思。這時，思想就容易不專心，同時會表現出心不在焉的下意識動作和神情，以至對對方的話語「聽而不聞」。當說話者突然問你一些問題和見解時，如果你只是毫無表情的緘默，或者答非所問，對方就會十分難堪和不快，覺得是在「對牛彈琴」。

  越是善於耐心傾聽他人意見的人，銷售成功的可能性越大，因為聆聽是褒獎對方談話的一種方式。身為銷售人員能夠耐心傾聽對方的談

話，等於告訴對方「你是一個值得我傾聽你講話的人」，這樣在無形之中就能增強對方的自尊心，加深彼此的感情，為銷售成功創造了和諧融洽的環境和氣氛。因此，聽人談話應像自己談話那樣，始終保持飽滿的精神狀態，專心致志地注視著對方。當然，如果你確實覺得對方講得淡而無味、浪費時間，則可以巧妙地提一些你感興趣的問題，不露痕跡地轉移對方的談話方向。

- **會心**：聆聽銷售對手說話，不只是在被動地接受，還應主動地回饋，這就需要做出會心的呼應。在對方說話時，你不時地發出表示聽懂或贊同的聲音，或有意識地重複某句你認為很重要、很有意思的話。有時，你一時沒有理解對方的話，或者有些疑問，不妨提出一些富有啟發性和針對性的問題，對方一般是願意以更清楚的話語來解釋一番的，這樣就會把本來比較含糊的思路整理得更明晰了。同時，對方心理上也會覺得你聽得很專心，對他的話很重視，會有「酒逢知己千杯少」之感，話題也會談得更廣、更深，更多地暴露他的內心。

  在洽談中，聽者應輕鬆自如，神情專注，隨著對手情緒的變化而伴之以喜怒哀樂的表情。透過一些簡短的插話和提問，向對方暗示自己確實對他的談話感興趣，或啟發對方引出對你有利的話題，當對方講到要點時，要點頭表示贊同。點一點頭，這實質上就是發出一種訊號，讓對方知道你在聽他的講話，對方這時當然會認真地講下去。不管你是否意識到，你的表情總是在做出自然的呼應。眼睛凝視著對方，表示你對他的話感興趣。而若東張西望則顯得心不在焉，有些人會下意識地看看手錶，這可能意味著你聽得無聊，不想再聽下去了。當然，如果你確實有事想脫身，這倒是一種使人心領神會的暗示。

有人說，人之所以長兩隻耳朵、一張嘴，就是讓我們少說多聽。這種說法雖沒什麼科學依據，但「少說多聽」還是十分有現實意義的。真正的銷售員必須是一個好的聽眾，我們在銷售商品時，常常錯誤地認為滔滔不絕才是銷售，才能顯出自己的伶牙俐齒。其實，最高明的銷售員恰恰在於多聽少說。

　　傾聽能夠給人以深刻的印象，更能助你成功。要善於聽出「話外音」並恰當地隨聲附和。

第三章　人脈幫你賺大錢

　　社會如同一張網，交織點都是由人組成，我們稱之為「人脈」。在現代商業社會中，一個人要想聚財，就先要聚人。有了人氣，才會有財氣。只有不斷累積人脈資源，才會有成功的可能。人脈不僅能為你創造財富，還可以改變你的命運。有了人脈關係這張網，你就能扼住命運的咽喉，從平庸走向卓越，做出一番驚天動地的大事。

「人緣」：安身立命的支點

人緣非常重要。經商，人緣是錢；從政，人緣是權；在家，人緣是和睦；出門，人緣是安全；做事，人緣是成功；休閒，人緣是歡顏。人緣不是點頭彎腰，人緣不是全天候笑臉。人緣是以人苦為己苦，分己甜為人甜。

一個人的人際社交狀況，即是否有個「好人緣」，關係到求人做事能不能順利達到目的。有個「好人緣」，你盡可以實現人生設計中的多種構想；沒有「好人緣」，則到處受挫，舉步難行。那麼，怎樣才能贏得「好人緣」，來增強你的交際力呢？

▌要有容人之量

某寺廟有一尊笑容可掬的彌勒佛。佛像旁有一副對聯：大肚能容，容天下難容之事；笑口常開，笑世間可笑之人。這副對聯很耐人尋味。

人生在世，不如意事常有八九。人事糾葛，牽絲攀藤，盤根錯節。世態百味，甜酸苦辣，難以勝數。人際關係中，有時發生矛盾，心存芥蒂，產生隔閡，個中情結，剪不斷，理還亂，當何以處之？

一種方法是「冤家路窄」，小肚雞腸，耿耿於懷；另一種方法則是冤仇宜解不宜結——「相逢一笑泯恩仇」。毫無疑問，後一種態度是值得稱道的。

▌做人要厚道

在人際社交中，不能待人苛刻，使小心眼，「睚眥之怨必報」。別人有了成功，不能眼紅，不能嫉妒；別人有了不幸，不能幸災樂禍，落井下石，更不能給人「刁難」。

▌ 要有好人緣，還要注意為人處世要有人情味

要關心人、愛護人、尊重人、理解人。人與人相處，應該減少「火藥味」，增加人情味。要有急公好義的火熱心腸。每個人難免會有三災六難，五傷七癆，人吃五穀雜糧，哪能沒有一點病痛？你能在人家最困難的時候善解人意，急人所難，伸出友誼之手，替人家排憂解難，將是功德無量的大好事。

俗話說：「積財不如積德」。行善積德，能得高壽。舊時老城隍廟有一副對聯說得好：「做個好人，天知地鑒鬼神欽；行些善事，身正心安夢魂穩。」誠哉斯言！

▌ 要有好人緣，還要待人以誠

誠實是人的第一美德。在古代原始人群的部落裡，撒謊是要受到最嚴厲的懲罰的。在人際社交中，應該是真心誠意，忠厚老實，心口如一，不藏奸，不投機取巧。不要在人生舞臺上，披上盔甲，戴上面具去「演戲」。不能像王熙鳳那樣，「嘴甜心苦，兩面三刀，上頭笑著，腳下陷害。明是一盆火，暗是一把刀，都占全了。」也不能像薛寶釵那樣「罕言寡語，人謂裝愚，安分隨時，自雲守拙」，對人四面討好，八面玲瓏，城府很深，慣有心機。做人要坦誠，更要有一些俠骨柔腸，光明磊落，襟懷坦白，使人如沐春風，這樣才能有個好人緣。

▌ 要想人緣好，還要靠近「好人緣」

有時候你可能有過這樣的感覺，就是某某人在公司很受歡迎，主管也喜歡他，同事也喜歡他，很有人緣。而有些人則是很少有人喜歡他，而且他也不喜歡別人，他的朋友也不多，即人緣好很差，像個社會人緣差一樣。其實這就是我們常說的「人緣好」和「人緣差」。「人緣好」、「人

緣差」本是心理學中的術語，是用以表明一個社會成員被其他成員接受的程度，我們把它們用來作為人際關係學的術語，也很能說明問題。

　　一般而言，大家都比較喜歡「人緣好」。而受到大家普遍喜愛的原因則是千差萬別的：或者是因為他誠實可信，值得信賴；或者是因為他沉穩老練，做事踏實；或者是因為他知識豐富；或者因為他機警靈活，善處人際關係；甚至是因為他有權有勢有錢等等。總之，他有某一方面或者許多方面被大多數人認可或接受。

　　在你選擇朋友，建立自己的人際關係網路時，最好能選擇「人緣好」，而且能使「人緣好」與你之間的關係越密切越好。

　　能夠把「人緣好」吸收進你的人際關係網路，使之成為你要好的朋友，無形中就大大增強了你的人際關係網路的能量。要是你的人際關係網路全部都由「人緣好」組成，那麼你的這個人際關係網路的能量將是無比巨大的。此外，結交「人緣好」還會使你受到啟發，學到許多如何結交朋友，贏得眾人青睞的方法。

　　「人緣」好壞關係到做事能不能順利地達到目的。沒有「好人緣」，則到處受挫，寸步難移。融入「好人緣」的人群裡，會大大增強你的人際網路能量。

沒有人脈就沒有財脈

　　社會上有這麼一種人：他們能力超群，見解深刻，才華橫溢，本來可以飛黃騰達，卻偏偏過著清苦的日子。這是為什麼呢？這些人雖然有才華，卻也恃才傲物，認為自己比別人優秀，是不可或缺的人才，因此狂妄自大，不能很好地與周圍的人相處。就這樣，他們因為沒有人脈，最終連才華都被埋沒了。

　　所以我們說，沒有人脈資源的從旁協助，光有才華也是不能發財的。要想財源廣進、飛黃騰達，還是需要靠人脈取勝。

　　孫志新大學畢業後，應聘到一家報社廣告部工作。工作期間，他時常接觸到大客戶。他在給他們搞創意或爭取版面時很賣力，從來不偷懶，而且經常還會徵求他們的意見，這些客戶對他的態度很滿意，因而彼此間關係十分融洽。

　　後來，孫志新出來獨行時自然想到了這些過去的夥伴，日立空調恰好在該市還沒有專賣店，他就跟銷售部的負責人談起此事，當然人家很給他面子。在眾多競爭對手條件都差不多的情況下，把獨家銷售權給了他。

　　如此看來，有人脈就等於有財脈！

　　世界首富比爾蓋茲經常被問到，如何成為世界首富？他每一次的回答都是，因為我請了一群比我聰明的人來幫我工作。足以見得，一個人的成功並不取決於他自己的才華，而是取決於他借助別人力量的能力有多強。

　　眾所周知，《水滸傳》中的宋江，原本只是一個小吏，然而，這樣一個小人物，日後卻搖身成為威震四方的英雄，威望一時，靠的是什麼？朋友！是武松、林沖、李逵等人，如果沒有他們，宋江能擺脫小人物的命運嗎？

　　紅頂商人胡雪巖也曾說過：「一個人的力量到底是有限的，就算有三頭六臂，又辦得了多少事？要成大事，全靠和衷共濟，說起來我一無所有，有的只是朋友。的確，「一個籬笆三個樁，一個好漢三個幫」，這個道理顯而易見，世界上所有的百萬富翁也都是這樣做的。

　　當有人問：他們是依靠什麼成為百萬富翁的？著名的成功勵志大師卡內基的答案是：一本厚厚的名片夾。沒錯，正是因為擁有建立人脈的能力，他們才成為了百萬富翁，成為了被人追逐、崇拜的對象。所以我們自

然也不能忽視這種重要資源。

　　臺灣的傳奇人物王永慶，從做生意開始就非常重視建立人脈。王永慶在剛開始做木材生意的時候，對客戶的條件放得很寬，往往都是等到客戶賣出木材之後再結帳，而且從不需要客戶做任何擔保。不過沒有一個客戶曾拖欠和賴帳，原因就在於王永慶不但了解每一個客戶的為人，也理解他們做生意的難處。正因為有了這份信任，客戶很快就跟王永慶建立起了深厚的友誼。

　　華夏海灣塑膠有限公司董事長趙廷箴，曾經與王永慶合作過建築生意。有一次，趙廷箴需要大量資金周轉，於是向王永慶表明自己的困難。王永慶二話不說，立刻借給他十幾根金條，還不收分文利息。這樣的舉動不僅幫助了趙廷箴，還使兩人成了好朋友，並且從此後，趙廷箴營造的工程上所需要的木材全都向王永慶購買，成為王永慶最大的客戶。

　　王永慶後來回憶這段往事的時候說道：「正因為結識了木材界眾多朋友，我才能在木材業迅速崛起，站穩腳步。」後來，王永慶一直在建築業發展，並且木材廠的生意非常興隆。王永慶 30 歲時，就已經累積了 5,000 萬元的資本了。

　　人是最大的資源，不管做什麼事情，都有人的因素。被稱為「賺錢之神」的邱永漢說：「失去財產，仍有從頭再做生意的機會，失去朋友，就沒有第二次的機會了。」

　　如今早已不是靠一個人單槍匹馬闖天下的時代了，一個人再有能耐，其力量也是渺小的，如同一滴水之於大海。只有善於借助別人的力量，才能像順風行船，最快地到達目的地。

朋友可以決定你的「富貴指數」

在一個主題為「創造財富」的論壇上，主持人說：「請大家寫下和你相處時間最多的 5 個人，也是與你關係最親密的 5 個朋友，記下他們每個人的月收入，從他們的收入我就知道你的收入。為什麼？因為你的收入就是這 5 個人月收入的平均數。」

自己的月收入怎麼會由朋友來決定呢？大家都以為是別人在胡言亂語，沒人相信這一觀點。但是，經過測驗，結果出乎所有人的意料。主持人總結說：一個人的財富在很大程度上是由與他關係最親密的朋友決定的。

決定一個人「富貴指數」的是他身邊的朋友。如果你是一個渴望改變命運的「窮人」，那麼，唯一一個能扭轉你命運的機會就是：從現在起，結交那些比你更優秀的朋友吧，因為，你的朋友，將會決定你的「富貴指數」。

有句話說，你想成為什麼樣的人就和什麼樣的人在一起。所以，如果你現在仍然是一個窮人，那就要想盡一切辦法生活到富人群裡去，讓自己耳濡目染地學會富人的思維方式和處世方式，慢慢地自己才能擁有脫離貧窮這個階層的本領。

曾經有人認為，保羅‧艾倫（Paul Allen）是一位「一不留神成了億萬富翁」的人。其實，這是一種誤解，真正的原因是因為他年輕時就與比爾蓋茲在一起。當初，他們將一家名為微軟的電腦軟體發展公司在波士頓註冊，總經理比爾蓋茲，副總經理保羅‧艾倫，他們一起做事業之餘，也是很好的朋友。認識比爾蓋茲這樣的朋友，這就為他後來成為世界級的富翁奠定了扎實的基礎。

後來，微軟公司在他們的經營下，成為了世界上的一個巨無霸，總經理比爾蓋茲成為了人所共知的世界首富。而副總經理保羅‧艾倫在總經理的巨大光環相比之下雖然有些暗淡，但也是在《富比士》富豪榜上名列前五位的大富翁，個人資產達210億美元。可以說，他的收入和他的朋友比爾蓋茲始終是處於同一個等級的。

這就是窮人朋友與富人朋友對一個人的影響力。有一本經典書中有一句話：和狼生活在一起，你只能學會嗥叫，和那些優秀的人接觸，你就會受到良好的影響，耳濡目染，潛移默化，成為一名優秀的人。

你想成為什麼樣的人，就和什麼樣的人做朋友。如果你想成為一個有錢人，那麼無論如何，都要堅持與富人成為朋友。汲取他們致富的思想，比肩他們成功的狀態，才能真正實現致富的目標。

寬容自己的「敵人」是一種智慧

學會愛你的敵人，」這是件很難做到的事，因為絕大部分人看到「敵人」，都會有滅之而後快的衝動，或環境不允許或沒有能力消滅對方，至少也保持一種冷淡的態度，或說些讓對方不舒服的嘲諷話，可見要愛敵人是多麼的難。

就因為難，所以人的成就才有高下之分，有大小之分，也就是說，能當眾擁抱敵人的人，他的成就往往比不能愛敵人的人要大得多。

此話怎講？

能愛自己的敵人的人是站在主動的地位，採取主動的人是「制人而不受制於人」，你採取主動，不只迷惑了對方，使對方搞不清你對他的態度，也迷惑了第三者，搞不清楚你和對方到底是敵是友，甚至都有誤認為你們已「化敵為友」。可是，是敵是友，只有你心裡才明白，但你

的主動，卻使對方處於「接招」、「應戰」的被動態勢。如果對方不能也「愛」你，那麼他將得到一個「沒有氣量」之類的評語，一經比較，二人的分量立即有了輕重之分。所以當眾擁抱你的敵人，除了可在某種程度上降低對方對你的敵意之外，也可避免惡化你對對方的敵意。換句話說，為敵為友之間，留下了條灰色地帶，免得敵意鮮明，反而阻擋了自己的去路與退路；地球是圓的，天涯何處不相逢。此外，你的行為，也將使對方失去再對你攻擊的立場，若他不理你的擁抱而依舊攻擊你，那麼他必招致他人譴責。所以，競技場上比賽開始前，二人都要握手敬禮或擁抱，比賽後也一樣再來一次，這是最常見的當眾擁抱你的敵人；另外，政治人物也慣常這麼做，明明是恨死了的政敵，見了面仍然要握手寒暄……

每個人的智慧、經驗、價值觀、生活背景都不相同，因此與人相處，爭鬥難免，不管是利益上的爭鬥或是非的爭鬥。而這種爭鬥，在競爭激烈的工商界尤其明顯。

大部分的人一陷身於爭鬥的漩渦，便不由自主地焦躁起來，一方面為了面子，一方面為了利益，因此一得了「理」，便不饒人，非逼得對方鳴金收兵或豎白旗投降不可。然而「得理不饒人」雖然讓你吹著勝利的號角，但這卻也是下次爭鬥的前奏；「戰敗」的對方也是要面子和利益的，他當然要想方設法「討」回面子。

「得理不饒人」是你的權利，但何妨「得理且饒人」？何謂「得理且饒人」？就是放對方一條生路，讓他有個臺階下，為他留點面子和立足之地，這太容易做到，但如果能做到，對自己則好處多多。

得理不饒人，讓對方走投無路，有可能激起對方「求生」的意志，而既然是「求生」，就有可能是「不擇手段」，這將對你自己造成傷害。好比老鼠關在房間內，不讓其逃出，老鼠為了求生，將咬壞你家中的器物。

放牠一條生路，牠「逃命」要緊，便不會對你造成傷害。

對方「無理」，自知理虧，你在「理」字已明之下，放他一條生路，他會心存感激，來日自當圖報，就算不如此，也不至於毀了對方，這有失厚道，得理且饒人，也是積德。

人海茫茫，但卻常常「後會有期」，你今天得理不饒人，焉知他日二人不會狹路相逢？若屆時他勢旺你勢弱，你就有可能吃虧。

在人際社交中，敞開胸懷愛你的「敵人」，可以達到「雙贏」的結果。寬容與自己有過結的人是一種智慧。當眾擁抱自己的敵人是制人而不是受制於人。得饒人處且饒人，這也是為自己留後路。

你會請客嗎？

請客吃飯，是我們人際社交的一個很重要的手段。會請客，你的人際關係如沐春風；不會請客，你會「四面楚歌」，到處碰壁。

請客吃飯是社會交往中的一種禮貌性行為，向「貴人」發出邀請是第一個步驟，恰當的邀請可以順利辦成事。我們應該做到：

▌選擇合適的對象

確定邀請對象是邀請首先應該解決的問題。而邀請對象的選擇必須根據交際的目的而定。就一般的情況而言，下棋應請棋友，跳舞要請舞友，打球當請球友，喬遷、喜喪則請親朋故友，開業剪綵就該請有利於工作展開、業務往來，便於協調社區關係，以及從事新聞媒介傳播等方面的客人……

求人做事，邀請的對象自然是能給你帶來幫助的人，但有時也需要一些其他朋友作陪，如果遇到這種情況，就應該精心安排，選擇邀請對象，

要根據求人的性質、需要及宴會規模的大小等，遵循先主要後次要，先親近後疏遠的原則，來劃定邀請範圍，依次確定邀請名單。

此外，還要適當考慮邀請對象的學識、年齡、地位、性格的差異和他們相互間的關係等，注意邀請對象間的關係和諧，不要給你的交際帶來不便和麻煩。

▌採取恰當的方式

採取何種方式邀請，要具體問題具體分析，根據交際的性質、對象而定。學者、專家、領導者等，大多工作忙、時間緊，對他們最好提前預約，以便他們做好工作調整、時間安排。閒暇時間多、工作容易調度的早一點約定，自然更好，而即使臨時而請，一般也能隨請隨到。對某團體的要人，公開邀請，甚至借助傳播媒介，就既能展現公正無私，光明磊落，又利於引起關心，促進宣傳，擴大影響。而朋友密談則悄悄地進行更利於避開旁人的視線，保證交往活動的隱蔽性。一般的往來、一般的親友，打個招呼、通個電話、捎個口信也就可以了。而比較重要的工作連繫、業務關係、公關事務等就必須採用相對的公文格式，如發書信、寄請柬等，或者按照一定的規格派專人傳達、親自登門，以示重視、鄭重和尊重。總之，邀請的方式要因事而異，因人而異。

▌注意「行」、「明」、「便」、「誠」

- **「行」即邀請的可行性**：某人辦了一家餐館，開業剪綵，非要請某市長親臨，來裝門面做宣傳，誰知久請不到，一拖再拖，最終也沒請來，白白浪費了時間。所以邀請要量力而行，既不強人所難，也不為所不能為。

- **「明」就是明確、明白**：邀請前一定要明確宴會的時間、地點、活動

內容、邀請對象等，以便心中有數，做好邀請。還需將上述事項向邀請對象傳達明白，以利其接受邀請，擔負相對的角色，準時赴約。

- **「便」就是盡可能地為邀請對象著想，為其提供來往、交通等方面的便利**：王老闆想請張教授幫他解決一個科學難題。張教授年事已高，行動不便，原本打算拒絕，沒想到王老闆竟派了專車接送，專人護理。張教授很感動，改變了打算。這樣與人方便，自己方便，利人利己。

- **「誠」就是真誠相約，不虛情假意，不違約、不失信**：有人曾邀請幾位朋友到他家去做客。朋友信以為真，誰知他卻是虛意敷衍，讓朋友吃了閉門羹。他這種失禮行為使朋友非常氣憤。事隔多年，提及此事，朋友仍然耿耿於懷。這麼邀請耍弄了別人，失去了朋友，豈不害人害己！

    請客吃飯作為人際社交中的一種禮貌性行為，只有不失禮節，才會取得效果。恰當邀請是交際成功的條件。請客吃飯要適當考慮邀請對象的學識、年齡、地位、性格的差異和他們相互間的關係等。

讓異性之花更燦爛

俗話說的好：男女搭配，工作不累。多和一些異性朋友相處，辦起事來效果會更好。異性朋友的多少更能反映出一個人的處世能力和交際水準。

只交同性朋友，可以說只打開了社會交往的半邊大門，要想做成一些事情，最好是把大門全打開，既交同性朋友，又交異性朋友。我們不可以將異性朋友限於性愛圈內，應昇華到純真上來。異性之間，除了愛情，成為朋友是人與人之間最好的、最恰當的交往方式。身為一個交際高手，他

的同性朋友和異性朋友一樣多。正因為存在著性別的差異，異性友誼才顯得更加珍貴。

結交異性朋友是當今社會開放的一種新型的社交現象。過去那種男女授受不親的時代已經過去了，我們現在經常看到社交場合中男女握手為友，彼此平等交往，共謀大業，展現了開放時代的開放精神。

一位女性這樣說：我很幸運，有好幾個和女性朋友一樣的男性朋友——我們可以撇開性別的禁忌，無拘無束地談論我們最隱祕的思想和情感。如果我說出一個閃過腦際的很瑣碎的想法，諸如「我是不是該剪頭髮了？」或「你覺得我該把這屋子怎麼布置一下？」他們聽了不會打哈欠，也不會對我的問題避而不答。我的男性朋友們總是不帶任何評判和責備地傾聽我對他們訴說我的恐懼，我的擔心，我的各種問題和莫名其妙的煩惱，而我也是以同樣的方式對待他們。

一位男士也說：我發現我與女人間的友誼在一定程度上要比我和女人的戀愛關係更令人滿意——因為友誼關係中沒有互相耍心眼的情況，雙方都比較冷靜，能不為情緒所左右。而且，對我來說，與女人建立起柏拉圖（Plato）式的關係要比發生愛情糾葛容易得多。現在我的工作在我心中是第一位的，我付不起足夠的時間和精力維繫，更不用說去建立一種嚴肅的戀愛關係。我從我的朋友那裡能獲得足夠的精神支持，我不覺得需要迫切愛上誰。我說的朋友，既包括男人也包括女人，事實上，我沒有看出我的男女朋友間有太大的區別。朋友就是朋友。

應該承認，男女間除了性的關係之外，還有一種真誠的友誼存在，異性朋友可以互補互敬，互相促進。

結交異性朋友首先必須解決觀念問題。在傳統社會裡，異性交往是最敏感的問題，需要中間媒介，或者第三者在場，不然就會有閒話。這是封

建社會的交往方式。現代社會，男女交往如果還需中間媒介，那就是保守和無能。男女之間只有採取開放式的交往方式，才有可能真正主動自然廣泛地結交異性朋友。

結交異性朋友必須克服心理障礙。異性交往有積極的一面，也有消極的一面。積極的一面表現在：異性交往可以體驗異性不同的心理性格情感內容，達到互補；而消極的一面表現在：年輕男女往往很難將異性朋友與選擇對象區別開來。一開始就以婚姻為目的去結交異性朋友，就會使這種交往變得拘謹而庸俗，妨礙正常交往。

結交異性朋友要有正當的理由和環境氣氛。共同的興趣和事業追求是異性交往的自然理由，交誼活動是異性交往的理想場所。

結交異性朋友要掌握一定的分寸。異性交往畢竟不同於同性交往，要尊敬對方的生理、心理特點。切忌語言粗陋，更不要隨意身體接觸，行為的失態就會斷送異性間的正常交往。

異性朋友間的情誼往往非常珍貴，也非常真誠，只要你心地純潔，胸懷坦蕩，就會體驗到異性友誼的芬芳。

異性交往要以純真對純真，來建立良好、高尚的友誼。落落大方、不輕浮自賤是異性之間交往的一個原則，要保持健康的兩性相處的心態。

勇於結交「大人物」

你希望認識「大人物」嗎？如果你想把自己的事業做大，如果你想賺更多的錢，如果你想讓自己的交際圈子更廣，毫無疑問，你需要「大人物」的影響力。然而，「大人物」不是那麼容易見的，「大人物」的時間是非常寶貴的，「大人物」不是非要見你不可。因此，要獲得「大人物」的認識進而取得認可，就必須要找到合適和有效的途徑。

　　無論是在學校還是走向社會，結識權威都有助於形成這樣的錬條：接觸「大人物」、了解「大人物」——見賢思齊；學習「大人物」——砥礪品行，甚至從而成為「大人物」；同時，被「大人物」了解——被「大人物」賞識——從「大人物」那裡獲得激勵和機會。

　　當與「大人物」交談時，切記，把你談話時間的 99.9％都用在詢問「大人物」的事情上。這就是打開「大人物」心門的金鑰匙。千萬不要談你自己的事情，除非你極其有把握知道，談比不談更好。

　　我們第一次與「大人物」交談時，只需要給他留下一種印象就可以。什麼印象呢？就是激發出他去認識你，喜歡你並相信你的願望。只要他能獲得這種感覺，他的影響力也就開始跟你有關係。因為這種感覺是培育一種雙贏關係過程中極其關鍵的東西。身為「大人物」，對方非常清楚這一點。我們可以透過「設問」來做到這一點，方法就是「問正確的問題」。我們需要問的問題應該是開放式結尾的，以便對方回答時感覺良好。「開放式結尾」的問題你可能知道，就是該問題不能用簡單的「是」或「不是」來回答，而需要較長的答案。「您是如何創立您的事業的？」沒有人不喜歡講自己的故事，每一個人都喜歡自己在他人心裡成為主角。那麼，就讓「大人物」們與你一起分享他們的故事吧。你要做的就是——主動地傾聽。

　　人與人之間不可能總是兩條平行線，總有交叉的時候。小人物與「大人物」也是這樣，總可能有交往或合作的契合點。有人總結了結識「大人物」的十大「祕訣」：

- **擁有「大人物」的思想**：你的思想境界和閱歷已經達到可以和他們溝通的水準，才能獲得這樣的機會。這也說明了不斷充實自己「記憶體」的重要性。

- **進入「大人物」的環境**：你要結識「大人物」，首先要知道「大人物」都在哪裡或常去哪裡，只有在有「大人物」的地方你才能結識「大人物」。你要結識「大人物」，你就必須進入他們的環境。

- **要有非凡的勇氣與自信**：跟企業家、成功者交往，你一定要有非凡的勇氣與自信。自信是人生成敗、幸福與否的關鍵。沒有自信的人難免會畏首畏縮、瞻前顧後、搖擺不定，有機會也沒有勇氣去抓。要建立自信，最關鍵的一點就是要時刻著眼於自己的長處，要勇於拿自己的長處比別人的短處。

- **要注意細節和察言觀色**：所有的大事情都是由小事情累積而成的，所以越偉大的成功者就越注意細節。因此，跟「大人物」交往，你一定要察顏觀色，要非常地小心。

- **要謙虛有禮，從禮儀、禮節方面對自己進行規範**：你一定要非常地謙虛，要有禮貌。因為「大人物」都非常地謙虛和注重禮節。看一個人是否是「大人物」，你只要看他如何對待「小人物」即可。

- **要學會真心地尊重和讚賞對方**：每個人都渴望被尊重和讚賞，「大人物」更是如此。成為「大人物」，也正是滿足他這種需求的一種表現。

- **要學會傾聽和問問題**：每個人都喜歡說教，所以，請教和傾聽就顯得尤為重要。

- **要學會寬容對方**：寬容對方就是給自己更大的空間。為對方留有餘地，自己進入對方的空間就越大。

- **要學會付出，幫助「大人物」或者為他工作**：每個人都渴望索取，沒有人會拒絕別人的幫助。只要你是給別人東西，只要你是為別人著想和幫助別人，關係就會很容易建立。

- **人脈在於長久的經營，不斷地維持關係**：每個人都渴望被重視。成功學大師陳安之說過「建立人脈最好的祕訣就是花時間與他相處」。你越花時間在一個人身上，就說明你越重視他。

想要結識一個難以觸及的「大人物」，最好的方法莫過於先結識到他的朋友，這是在現實世界裡無往不利的方法。

結交比自己優秀的人

俗話說：「物以類聚，人以群分」。結交朋友是多麼重要，自己的一言一行甚至思想都跟他們有重要的連繫。朋友就像一面多功能的鏡子，透過比較你能從他們身上看出自己的長處和短處。米格爾‧德‧塞凡提斯（Miguel de Cervantes）有一句名言：「看你的朋友，就可以知道你是什麼樣的人。」的確，人們都習慣於跟那些與自己能力相當、地位相近的人交往，這並沒有錯。可是如果你想變得更優秀，就要多與比你優秀的人交往，這樣才可以更快、更好地提升自己。

多與優秀的人交朋友，不但能從他們的身上汲取成功的經驗、激發自己的奮鬥精神，更重要的是能在優秀人格力量的影響下樹立正確的人生觀。如果朋友是那種揮霍無度的，自己節儉會被嘲笑，或者被打擊，那麼自己的積極性就會被打擊，這是非常危險的一件事情，說不定就會放棄理財了。所以，要不就要有很好的定力，要不就要遠離這樣的朋友。還有一些創業的朋友，經驗教訓都非常重要，多跟他們交流，這是一筆財富。

做生意的人，不應該過度地依靠舊友，而要不斷地建立新的人際關係。為了建立高層次的人際關係，有必要把自己置身於高等級的場所中。

「感謝周圍的人對我的幫助」，這是多數成功人士常常掛在嘴邊的

話。商場中是否有人緣，很大程度上左右著一個人事業的發展。所以每個人都應從年輕時就開始建立良好的高層次的人際關係。

那麼，怎樣才能建立起新的人際關係呢？對此，要有具體的行動，積極地走出去，創造與人交往的機會。工作以外的各種各樣的聚會要率先出席，各類家庭聚會也要參加，不要嫌麻煩。如果有不同業的交流會，也要主動地參與籌劃，加入有興趣的圈子也是極好的機會。性格內向的人特別迴避這種聚會，其實這對自己的經商生涯十分不利，必須以堅強的意志克服自己的厭倦情緒，積極地參加。

有人說，微軟就是傍著 IBM 長大的。當 IBM 已經是業內巨人時，比爾蓋茲還是一個無名小卒，但比爾蓋茲透過媽媽認識了 IBM 的董事長卡里。卡里決定從事個人電腦的研發開發，在準備作業系統上的支援時，他首先就想到了蓋茲，於是打電話給蓋茲。而比爾蓋茲認為，IBM 是大公司，與他們合作，自己可以說是攀了高枝，於是積極準備。就這樣，比爾蓋茲在 20 歲剛領導微軟的時候就跟世界第一強電腦公司 IBM 簽約，獲得創業之初的第一筆大單業務，為微軟以後的發展甚至比爾蓋茲雄厚的個人資產奠定了基礎。

微軟的成功，還在於比爾蓋茲選擇了好搭檔：保羅‧艾倫和巴爾默（Steve Anthony Ballmer）。保羅‧艾倫知識豐富，富有創造性，正是他的魅力折服了比爾蓋茲，在他的勸說下退學創業。微軟之所以獲得巨大的成功正是其作業系統的成功，而正是由於艾倫對技術的痴迷使得全新的BASIC 語言最終得以出現，使微軟最終成為軟體領域的巨人。有人還說，如果蓋茲是微軟的「大腦」，那麼巴爾默就是微軟賴以生存的「心臟」。巴爾默本人對電腦並不感興趣，也沒有基礎的電腦技術知識，但是他善於社交和團隊管理，他是微軟的市場策略家。

　　用人制度也是微軟成功的基礎。比爾蓋茲說：「在我的事業中，我覺得我最好的經營決策就是挑選人才，挑那些可以完全信任的人，可以委以重任的人，可以分擔憂愁的人。」在選用員工時，比爾蓋茲善於僱用有智慧、有工作能力、有潛力的員工，始終尋找並聘請電腦工業中最出色的人才。為了招聘 2,000 名新雇員，比爾蓋茲會成立 220 多名專職招聘人員組成的小組，他們的專門工作就是每年訪問 130 多所大學，舉行 7,400 多次面談，專心尋找人才，所以微軟旗下匯聚了很多英才，為微軟短時間內迅速崛起和發展提供了強有力的保障。

　　此外，蓋茲還主動與商界大亨建立良好的關係。在一次社交宴會上，蓋茲認識了世界第二大富翁巴菲特。兩人惺惺相惜，建立了深厚的友誼。蓋茲為反壟斷案焦頭爛額時，巴菲特就站出來為老朋友仗義執言。當巴菲特的投資公司需要挑選接班人的時候，蓋茲被選為華倫‧巴菲特經營的投資公司波克夏‧海瑟威（Berkshire Hathaway）公司的董事。在商界社交的拓展，為比爾蓋茲建立了良好的社會關係，也為事業上的成功提供了一定的幫助。

　　由此可見，蓋茲成為世界首富並不僅僅靠運氣，而是注重在創業過程中有意識地結交優秀的人，利用大家的優勢獲得了巨大的市場空間。這就需要我們主動走進貴人圈。

　　結識比自己優秀的人，除了學習別人的經驗以外，還可以多條道路，平時互相幫忙，有好事的時候也能想起你來。這些無形和有形的財富都是會相互轉換的，人際關係是我們要理的很大的一筆財富！

　　不少人總是樂於和比自己差的人交際，這的確能夠自我安慰。因為在與這樣的友人交際時，能產生優越感。可是從不如自己的人當中，顯然是學不到什麼的，而結交比自己優秀的朋友，能促使我們更加成熟。結交朋

友雖出於偶然，但朋友對於個人進步的影響卻很大。交朋友宜經過鄭重地考慮之後再決定。

與人結交並非太難的事情。首先將你所在城市的知名人士列出一張表，同時把將會對你的事業有所幫助的人，也列出一張表，之後就是每星期去結交一位這樣的人。如果你實在找不到比你優秀的人，那就讀讀人物傳記吧，那裡面一定有些你想要的東西。

總之，事業成功的人，能夠從比自己優秀的朋友那裡得到鼓勵和幫助，不斷地使自己力爭上游。

近朱者赤，近墨者黑，結交比自己優秀的人，你也會變的更優秀。

積極結交社會名流

攀龍附鳳之心大部分人都有，誰都希望有個聲名顯赫的朋友，一個明星，或者隨便什麼大人物。如果能躋身於他們的行列，自己也就沾上了榮耀，在別人眼裡也就身價大增了。所以，在你用盡辦法，絞盡腦汁，一籌莫展的時候，適當地借助一下「名人」的名氣，或許可以讓你遇到的問題迎刃而解。當你身邊實在沒有合適的說客幫忙時，也可以從名人中拉一位借用一下他的地位和聲望，充當你與被求者溝通的媒介。

結交名流也可能獲得更切實的幫助。如果你立志在商界做出點名堂來，首先就要想辦法接近商界名流，與其交往，並建立起良好的信賴關係。一旦與你建立了信賴關係，他就會考慮：「替這個人找個機會造就人才吧。」如此一來，你的命運可能會大獲改觀，甚至可能一層層地脫胎換骨，一步步走入名流社會。可能你還沒有真正了解到，有名的人往往有深遠的影響力，一句讚許的話就可能使你受益良多。

我們這裡所進的「名人」，是頻繁出現在媒體，曝光在大家面前的，

是眾所周知的。甚至只要是你的周圍，身邊的圈子裡小有名氣的人都可以算作是「名人」，而借助「名人」效應，最主要的就是這個「名」。只要牢牢抓住「名」，巧妙地加以利用，對你事業人生會達到如虎添翼的作用。

有一個著名的公關專家曾經說過這樣一段話；「要發展事業，人際關係不容忽視。費心安排的話，人際關係便能由點至面，進而發展成巨樹。有了巨樹我們才能在巨樹下休息，坐享利益。社會地位越高的人，在拓展事業的時候，人際關係越是重要。但是，總不能因此就拿著介紹信去拜會重要人物。就算登門拜訪，人家也未必會有時間見你，因為各界的知名人物，通常都排有緊湊的日程表，即使見面，大概頂多不過 5 分鐘、10 分鐘的簡短晤談，無法深入的。所以，製造與這些人物深入交談的機會，非得另覓辦法不可。」

而另一位著名的企業家卻透過「十年修得同船渡」的方法結識許多社會名流。他的經驗是：「在每次出差的時候，我都選擇飛機的頭等艙。一個封閉的空間，不會有其他雜事或電話干擾，可以好好聊上一陣。而且搭乘頭等艙的都是一流人士，只要你願意，大可主動積極地去認識他們。我通常都會主動地問對方『可以跟您聊天嗎？』由於在飛機上確實也沒事可做，所以對方通常都不會拒絕。因此，我在飛機上認識了不少頂尖人物。」

名人也是平常人，也有高處不勝寒的時候，他們更需要我們的尊重和理解。因為工作關係，我會不時和一些知名專家打交道。任何合作其實都是平等的，不要因為自己是小人物而妄自菲薄。合作時，更需要傳遞自己的價值，比如我們可以為他做什麼，他又需要為我們做什麼，如果合作雙方找到合適的契合點，接下來就會順暢多了。

結交名流是人之常情，你無須畏縮，拿出勇氣和智慧來，與名流交往溝通，不斷地從內在和外在兩個方面一齊提升自己，使自己一步步邁入名流之列。

社會名流是在社會上有影響的人，與他們建立良好的個人關係無異於為成功插上翅膀。但這些名流往往都有他們固定的交際圈，一般人很難進入到他們的關係網裡。我們可以從如下幾個方面入手和他們交往：

- 在與名流交往之前多了解有關名流的資訊，託人引薦，多參加社會公益活動，多出入名流常常出入的場所，也可以加入一些組織，這樣，你就會有機會結交到這些社會名流。

- 在結交這些社會名流時還要注意給對方留下一個好的印象，千萬不要死纏著別人不放，這樣做只能得到相反的結果。

- 透過一次交往建立良好的關係是很難的，所以，應多製造交往的機會，多次接觸才能建立較為牢固的關係。

唯有與一流人物交往，才能使自己成為一流人物。

運用飯局進行人脈銷售

當今社會，飯局無疑是拓展人脈，投資感情的最佳場所。許多商業談判是直接或間接在餐桌上完成的。利用飯局進行人脈拓展非常有效，因為在餐桌上，人們的情緒都是放鬆的，不會緊張，心情也大都比較好，更容易結成深厚的友誼。

首先，飯局不論是早餐、午餐還是晚餐，只要是用餐時間，都不應討論生意上令人不愉快的話題。靠一頓宴請來說服猶豫不決的立法人員投自己一票，歷來就是美國白宮政客慣用的手法。這一頓飯可以是室外的午

餐，可以是非常考究的早餐，也可以是精緻的晚宴。但不管是哪一種，每當有重要的提案要投票時，毫無例外地，銀質餐具便搬了出來。即使是政治捐款，也總是和吃東西連繫在一起的。

其次，作為社交方式的飯局，可以向對方傳達不見外的資訊，代表親近，即認同對方是自己人。要辦的事先不說，先吃飯，這樣，就沒有勢利感，辦不成事可以喝酒，也不傷面子。

嚴之孝是一家公司的經理，在他做每週工作計畫的時候，總是先確定他要和哪些人碰面，然後每個禮拜安排四個早餐、四個午餐和兩個晚餐來跟他個人或業務目標有關的人士聚餐。他們可能是客戶，也可能是朋友，或是某些有影響力的人，也有可能是潛在客戶或其他人。

嚴之孝經常會在街上遇見想和對方一起吃飯的人。所以嚴之孝在最忙的時候，一週會有四次正式的早餐、午餐和兩次晚餐。因此嚴之孝一個星期無論多繁忙，仍然有 10 次訪談機會。在很愉悅的時間裡加深顧客對他的印象。

這是極簡單卻非常有效的方式，畢竟，自己吃飯也需要時間。另外，在飯局上，人的情緒大都會非常好，更容易結成深厚的友誼。拜訪 10 位客戶需要花費許多時間，可是運用飯局拜訪客戶，在還沒展開正式工作之前，就已經見了 10 位客戶了。

大部分像這樣的吃飯機會，不但可以進一步加強與客戶現有的關係，甚至能得到某些很有價值的回報。試想，如果你每年有 200 次機會，和一些可以為你生活帶來正面效果的人一起吃飯，可以想像你在個人和事業兩方面，一定都會有所成長。

飯局從來就是人們不可或缺的首選交際方式。只要請人幫忙，先想到的就是有沒有關係。先問親戚朋友有無熟人，然後再邀請出來吃飯。幾乎可以

說只要需要求人，便都可以用飯局開場。公司同事之間、上級請下級、下級請上級。飯局名目繁多，數不勝數。當然，飯局的作用全世界亦如此。

那麼，飯局聊些什麼？在正餐上來之前，人們喜歡聊些運動、天氣之類的話題。吃主菜的時候，人們談的則是美食、藝術、時事及一些無傷大雅的話題。不過，在聚會或活動上，不可太過急功近利。你的談話一定要有彈性，不要做硬性推銷。重要的不是你做了什麼，而是人們對你的這種方式是否接受，最好的方式是不要談工作。

一定要注意一點：成功的生意飯局都不會討論生意上讓人掃興和尷尬的話題。在席間要適當地談自己的情況，談你可以為對方帶來什麼好處，可以提供什麼樣的優質服務等等。

無論是飯局還是其他任何形式的聚會和活動，你都應積極參加或者組織，並在這個過程中去認識更多的人，為自己搭建更多人際社交的橋梁。

能為你前途鋪路的人，就是能為你賺錢的人

人際社交中，職場較量中，一輩子都不走運的人只有一種 —— 沒有可以為自己的前途鋪路的人。前途的競爭雖然不致於像考國立大學擠獨木橋時那樣慘烈，其激烈程度也足以讓身在其中的人望而生畏。如果單靠自己的實力去打拚，出頭之日可以說遙遙無期。不妨借助一下人脈的力量，讓別人來為自己的前途鋪路，讓別人來幫助自己賺錢。

歷史上，軍機大臣左宗棠是清政府的大官，他自詡廉潔，堅持認為：一個人只要有本事，自會有人用他。所以從來不幫人寫推薦信。

黃蘭階是左宗棠一位至交好友的兒子，他在福建候補知縣多年也沒等到實缺。於是想效仿別人請大人物、權貴寫推薦信而步步高升，便想到父親生前與左宗棠很要好，就千里迢迢跑到北京來找左宗棠，想得到他的引薦。

　　一開始，左宗棠見黃蘭階是故人之子，十分客氣，但當黃蘭階提出想讓他給寫一封推薦信於福建總督的時候，左宗棠馬上就變了臉，毫不客氣地把黃蘭階趕走了。

　　離開左相府的黃蘭階是又氣又恨，但當他閒踱到琉璃廠時，無意間見到一個小店老闆學寫左宗棠字體，十分逼真，靈機一動，想出一條妙計。黃蘭階請小店老闆在自己新買的一把扇子上，用左宗棠的口氣和筆跡寫下，之後便得意洋洋地回福州去了。

　　回福州後不久，就是參見總督的日子，黃蘭階手搖紙張扇，徑直走到總督堂上。見此情景大家都很奇怪，總督也忙問：「現在都立秋了，老兄還拿扇子搖個不停。兄臺很熱嗎？」

　　這一問，正中黃蘭階下懷。黃蘭階把扇子一晃：「不瞞總督大人，外邊天氣確實不熱，只是我這柄扇是我此次進京，左宗棠大人親送的，所以捨不得放手。」

　　總督一聽此言大吃一驚，本來自以為這姓黃的沒有後臺，所以候補幾年也沒任命他實缺，不想他卻有這麼個大後臺。左宗棠天天跟皇上見面，他若知道自己故意難為黃蘭階，萬一在皇上面前說個一句半句，我可就吃不消了。

　　但總督大人還是很謹慎的，他要過黃蘭階扇子仔細察看，確是左宗棠筆跡，至此終於悶悶不樂地回到後堂，找到師爺商議此事。很快，總督大人就讓黃蘭階上任做知縣。之後沒幾年，黃蘭階就高升到了四品道臺。

　　對於大部分人來說，事業就是獲得金錢的主要甚至是唯一來源。所以一個能在事業上幫助你的人，必然會在提攜你事業的同時，為你帶來滾滾財源，定能在你實現財富累積的道路上助你一臂之力。對於這樣的人脈資源，我們還有什麼理由不去珍惜，不去積極尋找呢？

唐小玫與陳思思從同一所大學印刷專業畢業，畢業後兩人又同時簽約在一家公司。原指望能成為辦公室中的一員，可是萬萬沒有想到，公司培育人才的方式規定，新來的大學生必須先到生產線工作一年後方可調動到辦公室。兩人從師兄師姐那打聽到，生產線工作比想像中的還辛苦：轟鳴的機器聲，刺鼻的油墨味，早晚輪班 12 小時，週末還得經常加班。男生在那都很難撐一年，更別說細皮嫩肉的女生了。兩人一聽頓時對未來失去了信心，同時，也開始動腦筋想辦法改變這種傳統。

　　要改變傳統自然不是容易的事情，兩人思索了很久，想到一定得找個人幫忙。可是找誰呢？唐小玫盯住了公司生產總監鄧總。新人進入公司經過一個月的培訓後，董事長請吃飯，慰勞剛剛結束培訓的大學生，同時鼓勵大家迎接即將開始的工作，公司各部門主管也出席了晚宴。唐小玫看準機會，坐到了自己未來老闆鄧總的旁邊。2 個小時的飯局，唐小玫成功地讓生產總監記住了自己的名字。

　　第二天，就有人對她說，鄧總請她去辦公室一趟，她忐忑不安地去了。鄧總大約 40 多歲，看起來非常和善，他問了唐小玫一些在學校時的情況以及她對公司的看法和對未來的設想，最後，她說：「我看你很機靈，有潛力，我這辦公室的祕書剛剛走了，你就接替他的職位吧。」唐小玫簡直不敢相信自己的耳朵，她囁嚅地說：「我？……」鄧總說：「好好做，我相信你可以！」

　　陳思思也使出了找人相助的方法，但她找的是負責他們新人培訓的人力資源部培訓主任。入職培訓時，組織培訓的人員問到個人職業生涯規劃，陳思思就直接坦言，要從事人力資源工作。一個月的入職培訓期間，陳思思也常常主動幫忙布置培訓室，收集大學生們的各種需求資訊回饋給培訓主任，儼然一個小跟班。

　　沒過幾天，人力資源部的經理找她過去，和她閒聊了一會，之後又問她，現在培訓主任下面空缺一個職位，問她願不願意過來，陳思思欣喜若狂，滿口答應，人力資源部經理說，那下午就過來上班吧！

　　所謂能為你的前途鋪路的人，即是「得」寵顯貴或事業輝煌的人，他們既然能為你的事業前途鋪路，自然也能為你的人生前途鋪路。在你的職業生涯中，這類貴人就是你人脈網中的潛力股，你要主動去親近他，以便在關鍵時刻，得到他們的提攜和幫助。

　　人在未取得成就時，難免需要別人的幫助。要自己事業盡快達到頂峰，就不能一味地等待貴人的出現。向身邊優秀的人看齊，是尋找貴人最常見的方式。

尋找能為你拓展「錢」途的貴人

　　各種各樣的貴人，以不同的身分出現在我們的身邊，他們每個人對我們都很重要，任何一個貴人都不能缺少，但如果一定要選出一個重中之重，那就是能在生意上提攜我們的貴人了。這些能在生意上提攜我們的貴人，只要幫我們一個小忙，就會為我們的生意發展帶來不少的機會，我們的未來就有可能「錢」途無量。

　　李景全是香港的企業家，他就是一個得貴人相助而後成為富人的典型例子。李景全從一個一文不名的窮人，成為香港小有名氣的企業家，他依靠貴人提攜而走上的成功之路，給了我們許多啟示。

　　現在，李景全的建超實業公司，每年的營業額高達 7,000 萬港幣。回首當年，只有 18 歲的李景全自立門戶時，其中的艱難自是不必多說。但他現在每每提起的，都是在創業歷程中，曾得到過大貴人曾文忠的種種幫助。

18 歲輟學的李景全，第一份工作是在一家電子公司當電子零件銷售員，這是他打工生涯的開始。名為推銷，實際上就是一個送貨員。但在這一年中，他卻接觸了很多電腦行家，其中就包括曾文忠。

　　在做電子零件銷售員期間，李景全逐漸對電腦業產生了興趣，於是拿出 2 萬元積蓄和別人開了一家小型工廠，專替電腦商裝嵌電腦介面板。

　　但是，想自己創業當老闆並不是件容易的事情。由於經驗不足，加上合夥人的輕視，最後李景全只得將合夥人 2 萬元入股錢退回，和合夥人分道揚鑣。從此，工廠歸李景全一人所有，他開始了孤軍奮戰的日子，但此時的公司已經欠債 20 多萬元。為了走出困境，李景全找來一幫同學幫忙，半年後便把所有的債務還清了。但此後公司的業績卻一直平平，直到遇見曾文忠。

　　曾文忠此時已經成為香港有名的電腦商，在電腦界可謂是首屈一指。曾文忠的海洋電腦公司有意擴展業務，希望設廠進行生產。曾文忠認為李景全年輕有朝氣，是最理想的合作夥伴。就這樣，身處困境中的李景全找到了事業上的貴人。很快，雙方簽下合作協定，成為了合作夥伴。

　　有了曾文忠的支持，李景全的公司很快走上正軌，業務也蒸蒸日上。到了 1990 年，李景全工廠營業額已近 7,000 萬港幣，成為香港生產小型電腦板的著名廠商之一。

　　做生意的人都講究人緣、客緣，但是如果一個貴人的幫助都沒有，那將比沒有人緣、沒有客緣還要可怕。所以，如果你有這方面的人脈資源，就一定要積極地利用起來，如果沒有，就不要再守株待兔了，盡量去結交新朋友，去發掘那些已有實力卻還沒有被利用的人際資源，主動出擊去為自己的錢途而努力吧！

　　董展鵬是一個飯店的老闆，有一次他無意間認識了一位顧客，這位顧

客是當地有名的胡律師。那是一天晚上，胡律師因為打贏了一場比較重要的官司，特在董展鵬的飯店和幾個朋友舉行慶功宴，巧的是董展鵬的一個朋友也是胡律師的朋友，於是經朋友介紹，雙方就認識了。

慶功宴結束後，董展鵬拿著胡律師的名片如獲至寶。因為在他看來，胡律師今後必能有助自己生意的發展。所以，董展鵬和胡律師經常保持連繫，並且胡律師來他飯店吃飯時經常享受很大的優惠。

後來，董展鵬的飯店出現了食物中毒的情況，幾名顧客上吐下瀉還差點住進醫院。為了維護自身利益，這幾位顧客將飯店投訴到了當地政府機關，事情越鬧越大，直到最後難以收拾。

這時，董展鵬想到了胡律師，憑藉胡律師在當地的影響力和人脈，相信平息這場風波不是什麼難事。果然不出所料，胡律師爽快地答應了幫忙，並很快獲得了成效。飯店沒有受到嚴重處罰，顧客得到一些經濟賠償後也不再糾纏。

董展鵬以此為戒堅持飯菜品質，同時不斷強化特色，使自己的飯店生意逐漸興隆起來。

董展鵬的飯店能夠九死一生，都要歸功於胡律師這位貴人的提攜。但是，如果沒有董展鵬此前與胡律師保持密切的連繫，恐怕也不會贏得這位貴人的友誼，所以，對於能在生意上提攜我們的貴人，我們一定要加強連繫。

人們常說求人難開口，這是因為求人之前你幾乎把別人忘了，即使沒忘也很少與別人連繫。所以，當你需要對方幫忙的時候，你會覺得難以開口，對方也會感到十分突然。如果你很有意識地與對自己生意有幫助的人保持連繫，當你需要對方的時候，你會很自然地得到別人的幫助。

鎖定能幫你把機會兌換成現金的人

　　很多人都曾經有這樣的發現：自己身邊的人在能力、經歷、出身等各個方面都和自己不相上下，甚至有的地方還不如自己，為什麼他們可以有那樣的機會，可以賺到那麼多的錢，而自己卻沒有呢？原因就是有人給他們機會！如果現實就是這樣，那我們沒有機會的人，就應該甘於被命運宣判死刑嗎？當然不是，我們要主動去找機會，主動去尋找發財致富的機遇，而我們首先應該做的就是鎖定那些能幫我們把機會兌換成現金的人。

　　在美國曾經有一位普通的農家少年，在一本雜誌上讀了某些大實業家的故事，很想了解故事的細節，並希望實業家給讀者提出一些忠告。於是，這位少年跑到了紐約，他也不管幾點開始辦公，在早上 7 點鐘就到了威廉‧亞斯達的事務所。

　　在事務所漂亮的辦公室裡，這位少年立刻認出了面前那位身材高大，長著一對濃眉的人，就是自己所要拜訪的人。亞斯達剛開始覺得這少年有點討厭，然而一聽少年問他：「我來找您是因為我很想知道，怎樣才能得到賺得百萬美元的機會？」這時候亞斯達的表情便柔和並微笑起來。接著，他們兩個人進行了長達一個鐘頭談話。隨後亞斯達還告訴少年應該去拜訪的其他企業界的一些名人，他們會給他帶來更多機會。很快，這位少年照著亞斯達的指示，遍訪了一流的商人、總編輯及銀行家。

　　雖然當時，在賺錢機會這個問題上，他所得到的忠告並不見得對他當時有什麼幫助，但是能得到成功者的一些指引，卻給了他很大的自信。他開始仿效他們成功的做法。

　　兩年之後，這個 20 歲的青年成為了他當學徒的那家工廠的所有者。24 歲的時候，他是一家農業機械廠的總經理，為時不到 5 年，他就如願以

償地擁有百萬美元的財富。這個來自鄉村粗陋木屋的少年，終於成為銀行董事會的一員。

這個少年在活躍於實業界的六七年中，實踐著他年輕之時來紐約學到的那些名人的基本準則，鎖定那些可以給你成功經驗的人，他們就是可以幫助你把機會兌換成現金的人。而他也正是透過這一成功的實踐，得到了轉變一生命運的機會和財富。

不可否認，每個人的成功都是與自己的努力分不開的，但是若有高人指點或者有大人物的朋友，那麼你的奮鬥之路就不會太過曲折，你的成功就會早點到來。況且鎖定能幫你把機會兌換成現金的人，你得到的不僅是他對你的實際幫助，還有他的思想對你的影響。

呂冠佑與苑建平從小學到中學都是同班同學，雖然兩人很早認識，但關係卻很一般。高三畢業時，苑建平得知呂冠佑考上了建築系，就打聽到了呂冠佑的連繫方式，之後與呂冠佑保持了五年不間斷的連繫。因為苑建平喜歡高樓、大橋等的建築，希望呂冠佑今後能在這方面幫助自己。

大學畢業後，呂冠佑憑著自己的智慧與努力在當地創辦了一個建築設計公司，經過幾十年的奮鬥與奮鬥，他現已成為同行中的佼佼者。從小喜愛高樓大橋的苑建平也有一番作為，他經常帶著一幫人馬承包建築，為此賺了不少錢。

一次，苑建平的家鄉需要修築一座大橋，苑建平抓住這個賺錢的機會攬下了這個承包任務。然而不久後，他就後悔了。因為由於地理位置比較特殊，這座大橋不能按以往的方案建造。如果請專家設計一個新的方案需要花費不少錢，正在為難之時，苑建平想起了經常連繫的同學呂冠佑，他不正是學習建築設計的嗎，而且還有自己的設計公司。

苑建平馬上撥通了呂冠佑的電話，希望他幫助設計一個適合當地地形

的方案。呂冠佑也沒有在意一點設計費，全當是幫老同學的忙。就這樣，新的設計藍圖和建造方案很快出爐，這也為苑建平按時完工奠定了基礎。

很明顯，苑建平是一個頗有心計的人。他深知今後會朝著自己的興趣發展，所以特別記下了呂冠佑，並與他一直保持連繫。因為在苑建平眼裡，呂冠佑是一個有助於自己生意的人。就這樣，在關鍵時刻呂冠佑幫了苑建平，使苑建平不但省下大筆費用還超前完成承包任務，為他贏得了金錢和名譽的雙重效益。

不是出現在你身邊的每一個人都能幫助你把機會兌換成現金。所以，對於那些對你的人生、事業有所幫助的人脈資源，一定要密切的連繫、合理的利用，不僅能得到更多的物質好處，更重要的是會提升你成功的效率、加快你走向人生定點的速度。所以，這種人脈拓展的功夫實在是很有必要多做一些啊！

一個人的智慧和能量總是有限的，而如果能夠集思廣益，兼取各家之長，就會形成一股強大的力量，幫助你早日實現理想，走向成功。

如何在生意場上交到更多朋友

一直以來，大多數人都認為商人是唯利是圖的，就像那句「親兄弟明算帳」一樣，生意人之間沒有情感可言，沒有朋友可交，有的只是利益關係。但事實真的如此嗎？其實，生意場上的朋友雖然是因為利益走到一起的，但其中卻也不乏真情實感，只要你能真誠地對待生意夥伴，同樣會結交到很多志趣相投的好朋友。而且，一旦與這些生意場中的朋友建立了良好的關係，他們自然會很樂意為你的生意出一分力、添一分財，透過與之合作，你就可以不費吹灰之力的累積財富，可見在生意中結交朋友是多麼的重要。

泰福飯店位於泰國，是一家亞洲頂級飯店，那裡幾乎天天客滿，不提前預定是很難有入住機會的，而且客人大都來自西方已開發國家，在這裡消費都是出手很闊綽的。其實泰國的經濟在亞洲算不上特別發達，但為什麼會有如此誘人的飯店呢？看看斯皮爾在那裡的經歷，你就會明白了。

斯皮爾因公務經常出差泰國，並下榻在泰福飯店。第一次入住時，良好的飯店環境和服務就給他留下了深刻的印象；第二次入住，服務員友好的服務讓他更生好感。可是，最讓他感動的是，後來發生的一件事。由於業務調整的原因，斯皮爾有 3 年的時間沒有再到泰國去，在斯皮爾生日的時候突然收到了一封泰福飯店發來的生日賀卡，裡面還附了一封簡訊，內容寫道：

> 親愛的斯皮爾：
> 您已經有 3 年沒有來過我們這裡了，我們全體人員都非常想念您，希望能再次見到您。今天是您的生日，祝您生日愉快！

斯皮爾讀到這裡不禁激動得熱淚盈眶，泰福飯店儼然是把自己當成了朋友而不是客人，甚至三年了還「惦念」著自己。於是斯皮爾發誓如果再去泰國，絕對不會到任何其他的飯店，一定要住在泰福，因為那裡有他的朋友。

既然在生意中結交朋友，能夠幫助你在生意場上創建自己的人脈資源，那你還在等什麼，趕快去把生意夥伴變成朋友吧！

首先，你要有一顆誠心和真心去接納朋友。正如在累積財富上創造了奇蹟一樣，李嘉誠的人緣之佳在險惡的商場同樣創造了奇蹟。有人說，李嘉誠生意場上的朋友多如繁星，幾乎每一個與他有過一面之交的人，都會成為他的朋友。究其原因，這都是因為他真心接納別人的緣故。用他的話說就是：壞人固然要防備，但壞人畢竟是少數，人不能因噎廢食，不能為

了防備極少數壞人連朋友也拒之門外。更重要的是，為了防備壞人猜疑，算計別人，必然會使自己成為孤家寡人，既然沒有了朋友，也失去了事業上的合作者，最終只能落得失敗的下場。

其次，要照顧到對方利益，這是生意場上交朋友的前提和保證。信奉「有錢大家一起賺」的準則，不讓人賺錢的生意人，不是好生意人，也絕對不會得到真正的朋友，真正的朋友總是肯為對方考慮的。在商業社會，做生意總要有夥伴、有幫手、有朋友。你照顧了別人的利益，實際上也就是照顧了自己的利益。

做生意，都是為了賺錢，所以，事先一定要好好算計，如何使自己能獲得最大的收益。但無論怎樣算來算去，一定要算得對方也能賺錢，不能叫他虧本。算得他虧本，下次他就不敢再和你打交道了。所以生意人絕對不能精明過了頭。如果說商人的真理是賺錢，那麼精明過了頭，這個真理同樣會變成荒謬。你到處讓人家吃虧，就會到處都是你的冤家，到處打碎別人的飯碗，最後必然會把自己的飯碗也打碎。

第三，不僅要和朋友有福同享，還要有難共當。現代社會，生意人要明白「合」與「同」的關係，朋友之間最忌諱在有利可圖時是一種「同」與「合」的關係，而一旦損及自己的利益時就立馬分道揚鑣，甚至反目成仇，這是不可取的短視行為，也是沒有道德的。要交到真朋友，在危難之時就要不相棄離，共榮共存、同舟共濟渡難關。

在朋友遇到困難的時候，如果你能伸出援助之手，對他不離不棄，那麼他一定會對你心存感激，理所當然也會把你當作真朋友來對待。

第四，是要講信用。在交朋友上，如果你總是不講信用，背信棄義，那就會遭到大家的唾棄；在生意場上，如果你不講信用，你的生意就會做絕，而你在生意場上的朋友也會離你而去。

信用是一種責任和義務。為了朋友「赴湯蹈火，兩肋插刀」，這種信用多少沾些江湖氣，「一言既出，駟馬難追」，在商業操作上，這種信用是雙方必須遵守的遊戲規則。信用就像雙方一起搭建橋，不論是險谷還是惡灘，透過這座橋，彼此都能安全的透過。所以說，信用是一種「雙贏」。任何一方，只要求別人講信用，自己卻把信用丟在垃圾堆裡，這是一種極端的自私。也許你不能保證別人講信用，但如果你堅守信用，那麼你就會獲得朋友更多的信任。

在利益至上的生意場上，雖然很多人都認為大家只不過是因為有了利益，才有了友誼，但是，在做生意的時候，單純地為做生意而做生意效果往往不理想。在做生意的同時，也要用心交朋友，這樣生意才會越做越興隆，人生才能越過越精彩！

第三章　人脈幫你賺大錢

第四章　電話行銷，一線千金

　　今天，電話溝通占據了很多人一天當中大部分時間，所以，我們應該學會「用電話表情達意」。電話是商業的生命線，和客戶用電話溝通，是不見面的商談，能夠更好地運用電話溝通的人，事業會更加興旺。電話銷售的巨大利潤被人們稱為「一線千金」，越來越多的人開始利用這個便捷的談生意方式。

語言藝術，電話銷售事半功倍

電話銷售是一種快捷、簡便的銷售方法，它是透過電話來向客戶表達自己的銷售目的。電話銷售的優點是可以減少與客戶見面時的尷尬與麻煩，缺點是彼此看不到相貌，只能聽聲音。從事電話銷售，不僅需要銷售員有很好的口才，還要掌握一定的方法和技巧。

▎用讚美話套近關係

電話銷售時，不能吝惜你的讚美，這樣能獲得「一箭雙鵰」之效。銷售員對客戶的讚美，是對他成績的肯定，可以使彼此間的距離拉近，為以後的成功交易奠定基礎。

透過電話預約客戶，首先要對客戶的休息時間及休假時間好好掌握，而且在電話中回答對方的問題，要經過一番深思熟慮，但要掌握思考的方法。

對方說：「我最近很忙，如果你要與我交談，過一段時間再來。」

你回答：「下個月不可以，劉總一定要我這幾天去。」

客戶說：「那你和劉總說，我這幾天一直都很忙。」

這樣一來，你的話題便無法進行下去了。因此，你可以換種說話方式：

「要等到下個月啊！高先生你真不簡單，您的行程已經安排到兩三個月後了，像您這樣的大忙人下個月也未必有時間。所以，如果明天上午9點我到您那裡，不知道可否方便？」

這樣一番讚美話，不難打開你與客戶交談的話匣子。

▌開門見山談話題

撥通對方的電話，就要想方設法尋找你要找的人。

比如：如果你想找一家房地產公司的業務經理談生意。對方接到你的電話，你應該說：「早安！請問你們的業務經理叫什麼名字？」這個問題只能讓對方就具體內容做出回答，而不給他提供說「不」字的機會，以此引導他將業務經理的名字轉告給你，進一步與業務經理很好地溝通。

如果你這樣問：「我能與你們的業務經理談話嗎？」他很可能會將「不」字輕鬆說出口，這就會使你陷入尷尬境地。

做銷售時，起初的 15 秒非常重要。如果你不能採取有效的方法迅速打動對方，讓他判斷你的談話是否值得往下聽，他可能就會毫不客氣地中斷與你的通話。因此，你應該開門見山地談及話題，引起對方的興趣，使他願意聽你的談話。

▌結束時要用禮貌語

當客人將所有的問題問完後，你要做出詳盡的回答，雙方的通話就該結束了。這時銷售員不能說：「如果沒有其他的事情，就這樣吧！」這樣會讓顧客覺得你對談話心生厭煩，不願意傾聽對方的訴說。要將你的關心得體地向客人表現：「您除了這方面，還需要其他的服務嗎？如果需要，我會盡力協助。」

如果客人沒有別的要求，就會主動結束談話。此時，電話銷售員就要用禮貌語來結束此次的談話，如「謝謝您！再見！」

給客戶打電話不能過於僵硬，說話要隨和並具有權威性，要讓對方感受到你很重要，你在這個行業是一個專家。要與對方平等相待，如果你讓對方感受到自己內心緊張、忐忑不安，那麼對方不會重視你。

電話銷售的基本步驟

電話銷售是科技與行銷的完美結合，它將各種產品和服務透過電話銷售給數以萬計的客戶。從幾百元一本的雜誌到價值數十萬美元的重型建築設備，都離不開用電話連繫客戶。

無論電話銷售的目的是約定見面進一步銷售，還是透過打電話來銷售複雜的產品，操作步驟大體相同。在電話銷售方面的成功與聲譽，完全取決於你將電話銷售的這幾個步驟執行得怎麼樣。

- **企劃**：你每接打一次商務電話，就是一次為公司行銷推介的過程。公司成長的每一步都與電話通訊息息相關。每次當你爭取、滿足和挽留一位客戶時，你不僅擴展了業務，而且還逐步提升了通話技能。企劃使你更加全面地考慮進行說服力強的推介所必須的要點：利益、客戶的資料、可能的異議和贊同。由於你準備充分，你會感到更加自信。這種自信透過聲音中細微的差別、抑揚頓挫的語調和語氣傳遞給對方。因為你信心倍增，對方自然能注意到。他更加相信你的推介，更加願意向你購買。

- **傾聽**：打電話或是接電話，都要達到對方積極與你配合的效果，此次電話才算是成功的。銷售中，許多電話之所以不能成功交談的原因就是不注意傾聽客戶的訴說。

- **推介**：銷售員在談判中要做到很快地悟出客戶的推介需要，以便採用不同的方式讓客戶滿意，從而讓客戶做出購買決定。銷售員必須在措辭上強調你的產品或服務將如何最大限度地給予他們利益，這是他們的興趣所在。同樣重要的是，你要有機會核實資訊的正確性，防止發錯貨或將帳單送錯地方之類的失誤。最後，你可以用已成的事實向客

戶進行成功的推介。儘管他們情緒化地做過許多決定，但仍希望了解（或由你展示）你的產品或服務將如何在現實中幫助他們。

- **處理異議**：銷售員學會處理客戶異議是維繫客戶關係的重要前提。異議有很多種，但可將它們全部歸納為幾種基本類型。提前準備，加強自己，你就能坦然有效地處理這些異議。異議並不是人身攻擊，你需要保持積極的態度，這對你的成功具有決定性的意義。如果你的客戶表示異議，那也證明他們在認真聽你說。

- **促成交易**：成功的電話銷售一定有幾個機會供生意人達成交易。即使客戶說「不」，你也可以獲得更多的資訊，以便在將來可能見面約訪中增加談資。另一個重點就是識別客戶準備成交的訊號。為了獲得成功，你必須能洞察機會，做好成交的計畫，並詢問何時能拍板成交。

永遠要比別人再多一點努力，再多一點關懷，再多一點服務，再多一點稱讚，再多一點電話打給客戶。你不打電話，會有人打的，他們會搶走你的生意。

語氣：電話交談的表情

電話銷售的一個基本特點就是銷售人員與客戶互不相見。你的臉部表情再豐富、面容再美好、服飾再漂亮，對你的銷售成敗幾乎沒有什麼影響。在電話銷售中唯一重要的是你講話的語氣、語調及用詞。一個優秀的電話銷售員必須做到語氣平和、語調輕鬆、用詞得當，給客戶愉悅的感受，讓接聽電話的人可以迅速被你的話語所感染，愉快地進入談話狀態。

在用電話交談的時候，語氣是影響一個人形象的重要原因。如果語氣好，會讓對方認真去聽，如果語氣不好，對方就不會認真去聽，甚至還會使對方討厭你。大多數人在用電話溝通的時候，往往沒有意識到非語言資

訊的重要性。非語言資訊的交流包括身體語言、語調、神態等方面。一個人在打電話的時候，沒有辦法使用身體語言，所以你的語氣、語調就會顯得特別的重要。你的語調還能表達出你的感情和情緒，能表達出你對這個通話人的態度。所以要記住「語調不是指你說了些什麼，而是指你說話的方法」。

你必須要明白並不是所有的身體語言在電話交談的過程中都用不上。雖然正在和你交流的人看不到你，可是他在和你進行電話交談的時候，會在大腦的意識裡勾畫出你的樣子、表情和身體語言等。就是說，這一切電話那端的人都能捕捉到。

所以說，如果你想給對方留下一個好印象，那你就必須要用能給對方留下好印象的語氣和語調來講話。在講話時要傳達這樣的語氣給對方：態度明確，熱情洋溢，樂於幫助，舉止得體。具體一點來說，電話交談語氣可分為不合適的方式和合適的方式兩種類型。

- **不合適的方式包括**：惱怒的，粗魯的，不願意幫忙的，高高在上的，不明事理的，傲氣十足的，諷刺挖苦的，不樂意的，討厭的，架子很大的，冷漠的，傲慢的，冷酷的，猶豫不決的，沙啞惱人的，冒昧魯莽的語氣。

- **合適的方式有**：熱情的，有禮貌的，高興的，自信的，容易接近的，冷靜的，令人寬慰的，關懷的，同情的，體貼的，友好的，感興趣的，溫暖的，輕鬆的，明智的，支持贊同的語氣。

電話銷售，語氣要平穩，吐字要清晰，語言要簡潔。必須清楚你的電話是打給誰的，並在 1 分鐘之內把自己的用意介紹清楚。

練就嘴上功夫，從容應對拒絕

　　銷售員在電話銷售中常常會遇到客戶拒絕的情景，靈活地應對客戶拒絕是非常重要的。電話銷售特別要求銷售員要有扎實的口才。一般來講，不管客戶對你提出什麼反對意見、什麼抗拒，通常不要說「可是」、「但是」、「就是」，而要說「我理解……同時……」「我感激……同時……」「我感謝……同時……」「我尊重……同時……」

　　舉例來說，下面是電話銷售經常遇到的情形。

　　客戶：「我沒時間。」

　　銷售員：「我理解！我也老是時間不夠用！不過，只要 3 分鐘，您就會相信，這是個對您絕對重要的議題……」

　　客戶：「我現在沒空！」

　　銷售員：「先生，美國富豪洛克斐勒說：『每個月花一天時間在金錢上好好盤算，要比整整 30 天都工作來得重要』！我們只花 25 分鐘的時間！麻煩您定個日子，選個您方便的時間！我星期一和星期二都會在貴公司附近，可以在星期一上午或星期二下午拜訪您一下嗎？」

　　客戶：「我沒興趣。」

　　銷售員：「是，我完全理解，對一個談不上相信或者手上沒有什麼資料的事物，您當然不可能立刻產生興趣，有疑慮或者有問題是十分合理自然的，讓我為您解說一下吧，星期幾合適呢？」

　　客戶：「我沒興趣參加！」

　　銷售員：「我非常理解，先生，要您對不曉得有什麼好處的東西感興趣，實在是強人所難。正因如此，我才想向您親自報告說明。星期一或者星期二過來看您，行嗎？」

客戶：「請你把資料寄給我怎麼樣？」

銷售員：「先生，我們的資料都是精心設計的綱要和草案，必須配合專員的說明，而且要對每一位客戶分別按個人情況再做修訂，等於是量體裁衣。所以，最好是我星期一或星期二過來看您。您看是上午還是下午比較好？」

客戶：「目前我們還無法確定業務發展會如何。」

銷售員：「先生，我們先不要擔心這項業務日後的發展，您先參考一下，看看我們的供貨方案的優點在哪裡，是不是可行。我星期一來造訪還是星期二比較好？」

客戶：「要做決定的話，我得先跟合夥人談談！」

銷售員：「我完全理解，先生，我們什麼時候可以跟您的合夥人一起談？」

客戶：「我們會再跟你聯絡！」

銷售員：「先生，也許您目前不會有什麼太大的意願，不過，我還是很樂意讓您了解，要是您能參與這項業務，對您會有多大的利益！」

客戶：「說來說去，你還是要銷售東西？」

銷售員：「我當然是很想銷售東西給您啦！不過，先生，要是能帶給您好處，讓您覺得值得購買，我才把產品賣給您。有關這一點，我們要不要一起討論研究看看？下星期一我來看您？還是您覺得我星期五過來比較好？」

客戶：「我先要好好想想。」

銷售員：「先生，其實相關的重點我們不是已經討論過了嗎？容我直率地問一句，您顧慮的是什麼？」

客戶：「我再考慮考慮，下星期給你電話！」

銷售員:「歡迎您來電話!先生,您看這樣會不會更簡單些?我星期三下午晚一點的時候給您打電話,還是您覺得星期四上午比較好?」

客戶:「我要先跟太太,我的財務顧問,商量一下!」

銷售員:「好,先生,我理解,可不可以約您太太一起談談?約在這個週末,或者您喜歡在下星期的哪一天。」

客戶:「那就下星期一吧!」

銷售員:「先生,您看是下星期一的上午還是下午呢?」

透過上面這個例子,你或許已經看出,這位難纏的客戶還是可以被銷售人員用巧妙的話術和問問題的技巧說服的。

電話銷售的拒絕率是很高的,也許我們打幾十個甚至上百個電話才有一個有意願的,但身為銷售員,就是要從不怕拒絕開始。你一定要經得起打擊,保持良好的心態。不要因為受到一個客戶言語的影響,而影響自己好幾天的工作。

對老客戶的電話銷售

對老客戶進行電話銷售,有利的一面是客戶對銷售員比較熟悉,容易建立起對新產品的信任而進行購買。但也有不利的一面,那就是客戶在購買銷售人員一次產品後,由於各種原因,會變得消極。此時,銷售人員不能聽之任之,費了好大勁才開發出來的客戶,豈能再由他人奪去?因此,銷售人員必須積極主動地與客戶連繫,用手中的電話去恢復他的購買欲,促使他積極購買你的產品。

下面幾個步驟可供參考:

▌確認

　　說明你的身分和公司的名稱，簡單說明你打電話的用意。如果你還記得對方的名字，應該直呼他的名字，這樣將會給客戶留下良好的印象，因為這表明你的心中一直還裝著他，他也會感到自己在你心目中的地位。例如：「早上好，王先生，我是某某公司的，自從上次與您聯絡迄今，又過了好久了。」

　　在很多情況下，客戶都知道你打電話來的用意。此時，你可以不說話，暫停片刻。聽對方說話，看他的反應如何。他或許會給你講他最近的工作或生活情況，或者講有關你銷售產品的情況。所以他是一個自願向你提供資訊的人，你必須仔細聆聽，以捕捉住其中有用的內容。

▌仔細詢問

　　在對方講得差不多的時候，如果有必要的話，你可以試著詢問一些關鍵性的問題。詢問的目的是為了證實自己對對方的判斷，以探究他不願意買的原因。這裡要記住一點，盡量避免有爭議的話題，千萬別和對方爭辯。你可以這樣去詢問對方：「劉先生，上次本公司送來的產品和交易條件，是否有哪些地方令您感到不滿意？」

▌承認並承諾改正原有問題

　　對上次銷售的產品如果確實存在問題的話，應該態度誠懇地承認錯誤，並表示願意改正這些錯誤，提出相對的補償辦法。如果一切良好的話，也應用明確的語言表示肯定，給對方樹立更強的信心。

　　例如：「王先生，對上次交的貨，本人甚覺抱歉，我將立即換回（或採取適當的補救辦法）。」

　　如果沒有什麼錯誤的話，可以說：「我很高興得知一切都很正常，並

感謝您一直使用本公司產品，我保證這將讓您永遠滿意。」

之後，您便可以試著向對方透露出你銷售的新的商品資訊，如：「對了！王先生，這個月本公司正舉辦整箱特價大優惠，如果您現在購買的話，將可節省很多錢。」

當然，你應該選擇一個適合談話的時間和氣氛。如果是上次產品有問題的客戶，你還必須在他的疑慮消除之後才可說出這樣試探性的話。假如客戶同意購買或者露出積極的意圖，你應該及時抓住這個機會向對方提出請求，要求對方及時購買。如：「請問需要多少？（稍停片刻）兩天後即可送到府上去。」

▌感謝

對於客戶答應購買的回答要迅速表示感謝，這對於使他保持積極購買的想法是非常重要的一點。如：「王先生，謝謝您的惠顧，再次和您談話感到非常榮幸，希望今後能常常聽到您的聲音。」

當然，你也可能仍然遭到拒絕。但身為一名銷售人員，必須要有禮貌，哪怕對方態度惡劣，在結束電話之前也應該說上幾句感謝之類的話。

老客戶就像老朋友，維護好與老客戶的關係，做好老客戶的電話回訪工作，既能為銷售員贏得良好的信譽，又有可能促成老客戶的二次購買行為，還有可能透過老客戶的介紹，開發出更多的新客戶。

這樣接電話讓人喜歡

我們在和別人交流的時候，除了容易相信我們的眼睛，我們也傾向信任我們的雙耳。因為聽到的聲音比任何東西都可靠。一個電話的聲音可以給人不同的感覺：對方是否熱情、愉快，甚至他是否有教養；同時也能間

接了解對方的商務發展規模。

讓我們聽聽下面這個電話接得如何：

有一天，王經理打電話到某公司，他準備要找他們經理進一批貨。撥通了對方的號碼。響了幾聲以後，一個漫不經心的女聲傳了過來：「你好，找哪位啊？」

「我是某某公司的王總，想找一下你們李經理。」

「李經理啊，他不在。」對方回答。

王經理問：「他去什麼地方了？」

「那我哪裡知道啊？經理出去又不會告訴我！」

王經理實在忍不住了：「那你是誰啊？」

「哦，我是他祕書。怎麼？有事情我告訴他吧。」

就這樣，王經理受到的冷落讓他決定另覓高處。就這樣，好端端到手的生意因一個沒有禮節的接線祕書給泡湯了。

一個公司的祕書小姐或接線小姐的態度往往折射出一個公司的經營管理水準。一個彬彬有禮的祕書會讓我們覺得這個公司是一個有禮貌規矩的公司；一個粗魯、無禮的接線生會讓我們認為這個公司的經營規模過小和品質低劣。

工作中的你會接電話嗎？

首先，不要讓鈴聲響得太久，應盡快接電話。若周圍吵嚷，應讓其安靜後再接電話。接電話時，嘴裡不要有東西，與話筒保持適當距離，說話聲音大小要適度。如果有急事或正在接另一個電話而耽擱時，應表示一定的歉意。

其次，要熱情問候並報出公司或部門名稱，如果對方打錯電話，不要責備對方，如果知道他所想要的電話，應告訴對方正確的號碼。

還要確認對方公司與姓名，詢問來電事項，做好記錄。聽對方講話時不能一直保持沉默，否則對方會以為你沒聽或沒興趣。最後，簡明扼要地匯總和確認來電事項，感謝對方，並表示會盡快地辦好這件事。特別是接到一些熟人的電話時，不要在電話裡談私事或閒聊。

一般在公司裡，接聽電話應該是非常正規的，在禮貌稱呼之後，先主動報出公司或部門的名稱，切忌拿起電話直接問道：「喂！你找誰！」

如果一時抽不出時間來，讓電話響了四次以上，拿起電話就應先向對方致歉：「很抱歉，讓您久等了。」

當來電話的人說明找誰之後，不外乎三種情況：一是剛好是本人接電話；二是本人在，但不是他接電話；三是要找的人不在辦公室裡。

第一種情況，接話人說：「我就是，請問您是哪位？」

第二種情況，接話人說：「哦，他就在旁邊，請稍等一下。」

第三種情況，接話人則說：「對不起，他剛好出去。您需要留話嗎？」切忌只說一聲「不在」就把電話掛了。

打電話人需要留話，應讓他清晰地報出姓名、公司、回電號碼和留言。但要注意語言簡潔，不宜過多。有一句話說「文如其人」，根據這句話，我們也可以想到電話溝通是「話如其人」。用電話溝通，互不見面，語言是唯一的資訊載體。

因此，打電話的技巧，關鍵是在於語言的表達上。為此，必須從整體效果上考慮，掌握幾個方面的原則：

▍時間的控制

時間控制，指的是打電話時間的選擇和電話交談所持續時間長短的選擇。如果不是一些緊急的事情，一般在以下時間就不適合打電話，不然對

方會把這些當成是一種非常不禮貌的行為：三餐吃飯的時間、早上 7 點以前、晚上 10 點半以後。

打電話溝通時持續時間的長短，也是打電話人重要的禮貌之一。打電話的時間一般以用 3 ～ 5 分鐘最為適宜。如果一次電話占用了 5 分鐘以內的時間，你就要先說出你需要辦的事情，並且問一下：「您現在和我談話方便嗎？」如果你覺得時間不夠，那麼就要和對方另外約定一個時間。

▌懂得起始語控制

它是指電話接通的時候第一句話用的語言要求。

首先，要在對方還沒有開口問你的名字之前，就先把自己的身分或者名字報出來。例如：「我是某某公司，請問貴廠的羊毛衫可以取貨了嗎？」

其次，詢問人的稱呼一定要明確。特別是打到一個不太熟悉的公司裡面找人，更不要直接就只用簡稱，比如說：「我是老楊，找小李接電話！」對方肯定就會感到很糊塗：你是哪個老楊呀？找男小李還是女小李？

▌一定要注意文明禮貌

舉這樣一個例子：

「喂！王小華在嗎？」

「對不起，他不在。您有什麼事需要……」

但是如果還沒等對方說完第二句話，就搶著說：「不在呀，算了，算了！」

然後，你就把電話掛斷了，這樣的行為，會給人留下很不禮貌的印象，同時也有損自己在對方心裡的形象。

用電話溝通的藝術，不僅僅要堅持用「您好」來開頭，還要把「請」字用在其中，「謝」字作為結尾，更重要的是必須控制住自己的語氣和

語調。比如說，對於電話總機小姐來說，同樣一句常用的電話用語「占線」，如果是用不同的語氣語調來表達，那麼產生的效果也是不一樣的。如果語氣太輕，語調太低，那麼就會使用戶感到你是一個無精打采，有氣無力的人；如果語調過長又顯得懶散拖沓，如果語調過短，那麼就會顯得你是一個不負責任的人。一般來說，電話中的語氣一定要適中、語調稍高些、尾音稍拖一點這樣才能使用戶對你有一種很親切和自然的感覺。

▌情緒一定要調適

一般情況指的是心情不好的時候或者事情很急的時候，希望能用最簡單的語言、用最快的速度來解決問題的語言控制。如果因為情緒影響了你的語言，那麼，結果可能會很糟。有這樣兩個例子可以對比：

第一個例子：

「喂，胡先生在不在呀？」

「胡先生不在。」

第一個人就很急躁地說：「怎麼會不在呢？」

這時，對方也很火：「我怎麼知道呢！」

「那、那、那就跟你說吧。」

「對不起，你還是等一會再打過來吧！」

第二個例子：

「請問胡先生在嗎？」

「真是對不起，他現在不在。」

「哦，把事情對您說也一樣。你能幫我轉告嗎？我是某百貨公司的……」

「好，您請講。」

上面的第一個例子，因為那個人操之過急，所以在說話的時候得罪了人，事情不但沒有辦成，而且還給對方留下一個非常不好的印象；而第二個例子，因為情緒調整好了，還注意到了自己的語言，所以事情就很順利地辦成了。

　　由此可見，無論事情怎樣緊急，在打電話的時候，必須要保持平靜，交代問題要明確。千萬不要開口就嗆人，讓人一聽就冒火，那樣的話你的事情不會辦成。

　　如果是替別人接電話，也應該注意禮節。因為，打電話的人又看不見你這裡發生了什麼事，要向他做充分解釋，不應只是簡單地說「她出去了」、「她不在」、「不知道」等，而應說：「陳女士剛出去，我幫您留話好嗎？」「她正在和人談話，我去告訴她，請她回電給您，好嗎？」「陳女士出差去了，由張先生替代她的工作，您願意讓他接聽電話嗎？」

　　公司的每個電話都十分重要，不可敷衍。上班時間打來的電話幾乎都與工作有關，即使對方要找的人不在，切忌粗率答覆「他不在」即將電話掛斷。接電話時也要盡可能問清事由，避免誤事。

電話訪談的十個小技巧

　　如今，電話不僅是通訊的工具，更是市場行銷、商務拓展的重要工具。那麼，我們應該怎樣透過電話來有效引導客戶呢？

　　這裡我們簡單地談談實現銷售的電話溝通小技巧，提供參考：

- 明確目的。了解此次電話訪談想要得到什麼。
- 通話前準備。凡事欲則立，不欲則廢。做好一切可能出現的情況的應急工作。
- 多方採集，深層了解。可以給一個公司或組織的多個部門（比如：人

力資源部、總裁辦公室、採購部、投資部、管理部等）打電話，這能幫你找到正確的訪談對象，還可以幫助你了解該公司的組織運行模式（例如專案的決策過程、採購流程等）。如果你有必要給許多類似企業打相同的電話，這些資訊也能派上用場。

- 首選較高行政部門（例如總裁辦公室）。公司總裁或總裁祕書通常清楚地知道公司中哪個部門或誰負責這些工作，從他們那裡可以了解到更全面的資訊。

- 如果你從一個較高職位（例如從總裁辦公室）獲得一個較低職位的連繫資訊，在開始訪談時，你應該說出較高職位人的姓名或職位，以提升訪談的可信度和重要性。例如：「貴公司王總請我打電話給您，了解一下……」

- 簡短地介紹你個人和公司後，應先徵詢受訪者的許可，之後再進入電話訪談的正式內容。

- 若受訪者這時很忙，要盡可能地與受訪者約定下次訪談的時間。約定時應採用選擇性的問題，如使用「您看我們的下次訪談定在明天上午還是下午呢？」「是下午二點還是下午三點呢？」

- 電話訪談中注意聽電話中的背景音，例如：電話鈴聲、門鈴聲、旁邊的講話聲等，這時，應尊重地詢問受訪者是否需要離開。

- 提升你提問和聽話的能力。透過提問去引導你們的電話訪談，在聽取受訪人回答時正確理解客戶的意圖，包括話中話。

- 最重要的一點：一定要有信心和恆心，堅持下去，相信你會成功。

客戶的需求一般有兩種：商業需求和個人需求。要想在電話中成功地完成銷售，不單要求銷售人員掌握房客戶的商業需求，還要能掌握到客戶的個人需求。知道客戶的需求，然後滿足客戶的需求，離成交就不遠了。

電話訪問要遵守原則

電話絕不僅僅是你聲音的傳遞，而且還是你另外一個形象的展示。在通話時，聲音應該清晰而柔和，吐字應該準確，句子應該簡短，語速應該適中，語氣應該親切、和諧、自然。

當你主動給別人打電話的時候，你的坐姿都會影響你的通話效果。打電話的時候應坐直，深呼吸，微笑。美國資料公司曾經用「微笑的聲音」來做廣告，當你微笑時，聲音聽起來會完全不一樣。只要你自己刻意反覆練習幾次以後，便會習慣成自然了。世上再也沒有比和一個帶著真誠微笑的人談話更愉快的事了。

還需要注意的是，除非你是在開車或走路，否則最好在你打電話之前準備好一小張紙和筆，以便你在接聽電話時記下談話要點，當對方開始說話時就隨手記錄。

當我們遇到特別能侃侃而談的顧客怎麼辦？是不是和老朋友就無休止地說下去呢？其實，當你打的是業務來往的電話時，你的時間不宜過長，你有可能因為耽誤人家手上的工作而得不償失，當然你自己也會因此而受到損失。

每次通話時間可以根據對方的情況來決定，最好事先徵得對方的同意。但是不管怎樣，打電話的時間還是宜短不宜長。

如果意識到對方的不愉快時，應該主動提出是否自己打擾了對方，並盡快結束談話。不要在電話裡談論一些重大的事情，這樣的事情還是比較適合在電話裡約好時間後當面探討。

有的時候打電話不全是問候，還需要對客戶進行一些電話的訪問，尤其是做銷售的朋友最有這個體會。電話訪問需要遵守以下幾條原則：

▌電話約訪要輕鬆

在刻板的電訪工作中，添加一些活潑的氣氛，可以扭轉客戶的印象與決定。

電話約訪是銷售的重頭戲，銷售人員受了挫折往往退避三舍，卻又不得不硬充好漢。其實，你不必再擔心受拒，畢竟每一份工作均有其壓力來源。當你深為受拒所苦時，不需要讓它成為沮喪的成因，他們所拒絕的並非是你的人格，只是時機不對罷了。相對地，若是一個深具潛力的客戶願意給予面訪的機會時，會給你帶來無比的滿足感。因此，成功的電訪要培養輕鬆的態度，如有些小遊戲可以幫助你不再視電訪為畏途。

▌電訪宜生動愉悅

在你克服了患得患失的情緒後，其實電訪可以是樂觀活潑的，不妨試著製造生動有趣的氣氛，可將拒絕轉換為幽默，與對方分享歡笑，因為笑聲能為你的約訪過程創造令人驚異的奇蹟。千萬別因為對方拒絕就顯露垂頭喪氣、急欲結束的語氣，造成一次不愉快的談話。

電話約訪的最後階段就是要與眾不同。因為客戶的耳朵每天接聽來自各式各樣行銷人員的電話，因此，更須在電訪技巧上別出心裁並賦予創意。

▌做好所說的內容準備

即使只是打一個電話，也須善加組織、細心規劃，避免任何一個環節影響了電訪的過程。在打電話前，先清理桌面，減少不必要的干擾。因為，此刻你必須專注其上，反應敏銳快捷，以應對客戶的任何反應。

如果你不希望有外界的干擾，可以選擇較僻靜的空間。準備一杯飲料潤喉，這樣可以緩解緊張的情緒。為了完成一次成功的電話約訪，你須為

自己營造一個積極愉悅的心境。成功與否，不在於是否立即得到對方首肯面見，而在於給對方留下良好而深刻的印象。

▌寓工作於樂趣

例如：記錄統計接通的和約成的電訪比例，當你達到了自訂的平均目標時，給自己一個小小的獎勵。或者，在成功地約了五位客戶或拜訪了兩位重要的客戶之後，給自己一點小小的休閒或調劑。

以上這些報酬或獎勵的遊戲，確實能使你保持更開朗明快的心情，製造輕鬆愉快的電訪氣氛。而這種明快的風格和態度是具有感染力的，對方很快就能在電話中辨別出，他們所面對的是一位自信樂觀的專業人員。

電話雖小，但是關乎的業務重大。當你的電話形象和你的生意連繫在一起的時候，就不會把自己打出的電話當兒戲。

巧借電話，順利成交

如果與你洽談生意的對象是一位老奸巨猾的傢伙，那麼，借助電話，你可以在談判中獲得意想不到的效果，促使生意談判成功。

▌故意透露資訊

美國一家鋼鐵公司與一家鋼材銷售商在談判桌前討價還價，經過幾個回合，仍沒有達成協議。鋼鐵公司一位代表拿出行動電話撥通總部，同時作了記錄。通話結束後，這位代表要求暫停談判，並馬上召集己方人員離開談判室。幾分鐘後，鋼鐵公司人員返回到談判室，表示絕不低於那個價格。結果，雙方就按鋼鐵公司提出的價格達成了協定。

原來，鋼鐵公司的電話記錄寫著幾種直徑的圓鋼存貨不多，有可能漲價。他們在談判暫停時忘記帶走記錄而留在談判室了。自然地，他們一離

開，銷售商便獲得了資訊，因而同意了鋼鐵公司提出的價格。須知，這是鋼鐵公司特意做的。

在談判桌前，透過電話，你可以故意（看似無意）透露一些資訊給對方。作為賣方，你可以透露出物價有可能上漲的消息，或者由於原材料緊張，漲價以及資金周轉困難等原因，某產品可能暫停生產或縮減生產量等等消息。作為買方，你可以透露過些天將與另一家洽談的消息，或者物價有可能下跌等等有利於己方的消息。由於這些消息是透過你與第三者在電話中對話而傳到談判對方的耳朵中的，就給對方一種假象，似乎是天賜良機讓其得知了重要資訊，從而增加了可信度。這就有利於你在談判中處於主動地位，使談判向有利於自己的方面轉化。

▎虛擬競爭者

某化工研究所與一家清潔劑廠就一種新型的清潔劑生產技術轉讓問題進行談判。清潔劑廠以該新型清潔劑尚未接受市場檢驗一時難以打開銷路為由，提出分兩次付清技術轉讓費，而研究所則堅持在技術資料轉讓時一次付清，雙方互不相讓，談判陷入僵局。後來研究所接到另一家清潔劑廠打來的一個電話，說是他們想就新型清潔劑技術轉讓問題進行洽談。正在談判的清潔劑廠從旁聽完電話後，便不再堅持分期付款了。

其實，這個電話是研究所預先安排的。

這就是借助電話虛擬競爭者的方法。談判前預先安排一個人在談判的適當時候，作為競爭者（新的買主或賣主）打來電話，來刺激與你正在談判的對方的購買欲或銷售欲，促使對方不再猶豫不決，從而做出決斷；或者能軟化對方的強硬態度，降低其要求，促使談判走向成功。

▌暗中計算

　　某機電公司與一家汽車製造廠進行談判。在汽車價格上相持許久後，汽車廠提出一個新方案：汽車廠願意將其中幾種型號的汽車價格降到比機電公司所要求的價格還低，但要求將總金額提升 1%。機電公司立即說有一件重要的事情要辦理，拿起電話撥號並飛快地記錄著。放下電話後，機電公司表示可以接受新方案，因而談判獲得成功。事實上，機電公司方面並沒有真正打電話，而只是隨便撥個號碼，以打電話為名，迅速地將汽車廠提出的新方案進行計算。計算結果表明：新方案的總金額比機電公司提出的方案的總金額只略高一點。於是機電公司便同意了新方案。

　　假藉電話暗中進行計算的方法，既可以用來接受一個新方案，也可以用來提出一個新方案；既可以用來打破僵局取得談判成功，也可以用來避免接受一個於己不利的方案而上當吃虧。

　　在電話裡談判是常有的事情，如果一味地按照自己的談判思路，很有可能會損壞與客戶之間的關係，更有可能的是交易失敗或是做一次生意，所以必須要以多贏為出發點來進行談判。

第五章　商戰高手的秒殺攻心術

　　「成功的銷售員一定是一個偉大的心理學家。」這是銷售行業的一句名言。客戶是否會購買你的產品，單憑你高超的銷售技巧或者高品質的產品是不夠的。銷售就是一場心理博弈戰，如果你想成功地賣出產品，必須讀懂客戶的心理。不懂心理學，就做不好銷售。

給客戶留下美好的第一印象

我們只有一次機會創造第一印象。第一印象的好壞，在很大程度上決定未來銷售的成敗，所以銷售人員在和客戶見面時贏得客戶的好感至關重要。

首先要給客戶良好的外觀印象，得體的服飾、適當的語言，都會給客戶留下良好的第一印象。要有理有節，贏得尊重。在這裡要特別說明的就是交換名片，名片一般應放在襯衫的左側口袋或西裝的內側口袋裡，也可以放在隨行包的外側，盡量避免放在褲子的口袋裡。出門前要注意檢查名片是否帶足，遞名片時注意將手指併攏，大拇指夾著名片以向上弧線的方式遞送到對方胸前。拿名片時要用雙手去拿，拿到名片時輕輕念出對方姓名，以讓對方確認無誤。拿到名片後，仔細記下並放到名片夾的上端夾內。同時，交換名片時，銷售人員也可以右手遞交名片，左手接拿對方名片。

在於客戶交談的過程中，要密切關心客戶的情緒變化，同時要盡量多地記住客戶，並能說出客戶的名字。銷售人員在面對客戶時，有時候巧妙的奉承，讓其體會到優越感也是一種獲得好感的策略。此外，銷售人員更要學會利用小贈品贏得客戶的好感。按照常規，在廠商業務人員第一次上門拜訪經銷商時，自然不能空著手去，得帶上些東西，比如以下物品：企業介紹資料、產品資料、價格表、市場啟動方案、合約樣本、樣品等等。按說這也沒什麼錯，第一次見經銷商，總要做些準備，盡量全面地向經銷商介紹自己企業。但是，廠商的角度就是廠商的角度，你們考慮過經銷商老闆看到廠商業務人員帶這些東西的時候，會想到些什麼嗎？

當廠商業務人員第一次見經銷商時，就把這些東西都帶上，並展現在經銷商面前的時候，經銷商很快就能產生這樣的聯想：這個廠商很想找我

合作，東西準備的這麼齊全，那麼，我得拉拉架子，問問他們都肯付出些什麼，市場風險如何承擔。於是，經銷商在誇耀一番自己在當地市場的實力後，便會問廠商的業務人員：你們廠商能承擔那些費用？能鋪底嗎？能退換貨嗎？能把整個省給都我嗎？能給我派駐人員支持嗎？承擔促銷員費用嗎？能⋯⋯

這些話放出來後，廠商業務人員只能左一個搖頭，右一個搖頭，這時候再對經銷商強調什麼廣闊的市場發展空間，恐怕也就是很蒼白無力的了⋯⋯

當你在進入一位潛在客戶的辦公室時，給他留下的印象在很大程度上會直接決定你受到的待遇。留下一種良好的第一印象是很重要的，否則，以後要改變客戶對你的評價，你就不得不付出更多的寶貴時間及精力，除非你給他留下了美好的印象，否則一般他是不會和你做生意的。

有些銷售員在和他們的潛在客戶談話時，往往會帶著歉意，其表情就像在奉承客戶一樣，比如像「對不起啊，占用你寶貴的時間」這樣的表情，他們這副表情給客戶的印象是：他們沒有什麼重要的事情，他們對自己公司的產品沒有多少自信。

在接近客戶時，走路、說話和行動不但要表現出你是一個自信的人，而且還要表現出你是一個相信並完全了解自己業務的人。你的行為方式應該展現出這種職業性的特點，表現出充分的自信，是對你能力，你的誠實和正直以及你在業務知識方面的自信。單純職業性的自尊就可能幫助你留下美好的印象，並贏得別人的尊重。並使你有機會以一種巧妙的方式發揮你的作用。

在接近潛在客戶時，不要有任何的疑慮和特殊的奉承之詞，也不要表現得縮手縮腳的。你的自我介紹是一個開端，也是你成功的第一步。如果說你開始能給人留下十分滿意的印象，你獲得成功的可能性就會大得多。

搞定客戶，無往不「利」

　　商場如戰場，銷售已經成為企業生存的重要砝碼，如何成功有效地提升銷售業績已成為企業的一道難題。如何深刻了解客戶需求，敏銳地洞察市場勢態，變被動為主動，抓住每一個可能的銷售機會，成為銷售人員的生存之本。一個業務員面對不同的客戶，就要用不同的方式去談判。只有不斷的去思考，去總結，才能與客戶達到最滿意的交易。

　　以下三步可以助你輕鬆搞定客戶：

▌第一步：分析客戶的性格。

　　性格是指一個人經常性的行為特徵以及適應環境而產生的慣性行為傾向。而性格往往可以左右一個人的處事風格。只要你稍加注意，就能輕鬆分辨出客戶屬於哪種性格。

- **自命不凡型**：這類人喜歡聽恭維的話，你得多多讚美他（她），迎合其自尊心，千萬別嘲笑或批評他（她）。

- **脾氣暴躁，唱反調型**：對付這類人，你要面帶微笑，博其好感，先承認對方有道理，並多傾聽，不要受對方的「威脅」而再「拍馬屁」。宜以不卑不亢的言語去感動他（她），讓對方在你面前自覺有優越感。

- **猶豫不決型**：這種類型的人在冷靜思考時，腦中會出現「否定的意念」，要取得對方的信賴，宜採用誘導的方法。

- **小心謹慎型**：要迎合他說話的速度，語速盡量慢下來，才能使他感到可信。

- **貪小便宜型**：以女性多見，多給她們一些小恩小惠即可搞定。

- **來去匆匆型**：稱讚他是一個活的很充實的人，並直接說出產品的好處，要抓重點，不必拐彎抹角，只要他信任你，這種類型人做事通常很爽快。

- **經濟不足型**：他對產品感興趣，但對方又拿不出現錢，這時候就要想辦法刺激他的購買欲望，和一起來的人做比較，使其產生不平衡的心理，也可以讓他分批購買。

第二步：投其所好，尋找共同點。

在確定客戶的性格後，在談話時就要找到與客戶的共同點，投契合拍的溝通之道，從而達成有效的溝通。為此，我們要做到與活潑型客戶一起快樂，表現出對他們個人有興趣。與完美型客戶一起統籌，做事要周到精細、準備充分；與和平型客戶一起輕鬆，使自己成為一個熱心真誠的人；與活潑型客戶一起快樂，告別憂鬱。

第三步：掌握步步為贏的談判技巧。

身為市場行銷人士，每天和不同對象進行的溝通交流，協商協調，實質上就是不同形式的銷售談判。雖然銷售談判的時間、地點、內容、級別、規模、形式、對象不同，但其中不乏共同之處：一是透過談判加強雙方或多方的溝通，加深了解。在化解矛盾和分歧的基礎上達到共識，以實現交易或合作的目的；二是這種短兵相接的溝通交流，力爭在交易和合作中實現自身利益的最大化；三是談判中許多謀略的設計和實施，都是在面對面的情況下進行的。

即使是談判前制訂了一些必要的原則，談判中也要根據情勢的變化而變化。所以，又把銷售談判稱之為面對面的謀略。為此，要想掌握銷售談判的主動權，就必須研究運用一些必要的談判技巧。由於銷售談判具有靈

活多變的特徵，不可能有一個一成不變的公式，但也有一些共性的基本技巧。如能靈活運用，可能會對參與銷售談判有所幫助。

如何對不同的患者進行產品推廣，看其屬於哪種類型的人，就可以對不同類型的客戶採取不同的措施，做到「有的放矢」，從而能達到事半功倍的效果。

穩住客戶對於銷售人員來說，是一門學問，也是一門藝術。找客戶不難，搞定不同性格的客戶才是關鍵。

談判中的心理戰術

談判是一項艱巨、複雜的腦力勞動，在這個過程中，談判人員的心理狀態對談判的結局產生重要的影響。良好的心態，是談判取得成功的重要條件。商務談判不是「對敵鬥爭」，是尋求「合作」、是謀求「雙贏」，談判雙方由於利益上的相互依存和利益上的相互抗衡關係，使得談判人員心理上要承受很大的壓力，他們需要隨時就某個談判事項的具體典型特徵和實質進展做出分析與判斷，即使在談判局勢發生激烈變化，甚至在出現談判僵局的情況下，也要控制自身的情緒與行為，以適當的語言和舉止來說服和影響對方。

商務談判是一場心理角逐戰，在這場心理角逐戰中，臨場反應能力非常重要。那麼，如何打贏這場心理角逐戰呢？經驗人士指出，要想贏得這場心理戰，就要掌握人性心理在談判中的各項反映，這樣才能幫助你看穿談判對手的伎倆，幫助你取勝。

有經驗人士指出，當談判真正開始後，就進入了心理角逐戰。對於這場心理角逐戰，談判代表們的臨場反應很重要。要順利達到自己的目標，就得掌握奧妙的人性心理，看穿對方的伎倆，避免吃虧。

- **表明你不需要這筆生意**：若對方問你，這筆交易對你來說重要嗎？你會怎麼回答？如果你說「很重要」，你可以準備離開這場談判了，因為你已落居下風。你應該斬釘截鐵地告訴對方：「不會，我當然希望達成交易，但如果不成，還有其他對象可談。」當然，不是要你表現出完全不在乎的樣子，這會讓對方感覺不受尊重。最重要的是讓對方知道你很希望達成這筆交易，但是交易的對象不一定是他。

- **保持神祕感**：不要為了表現自己的知識或能力，而說太多，言多必失。話說得越少，對方越摸不清楚你心裡在想什麼，你就越占有優勢。話說得太多，常會不自覺暴露某些弱點，例如對方可能抓住你的語病，反過來當談判籌碼，或透露太多資訊，讓對方越容易看穿你的底限。

- **主動掌控談判速度**：談判的主動權一定要握在自己手中。當別人希望加快速度，你就要刻意放慢速度；如果對方希望放緩腳步，你就得加快速度。一方面不讓自己受制於人，另一方面，也可以觀察對方的反應，他們是否會因此慌了手腳或失去耐性？若真是如此，就代表你的機會來了。例如：若對方急於成交，提案條件也很合你的意，你也不需立即接受，你可以表現出猶豫不決的樣子，告訴對方你需要多些時間再仔細考慮。事實上，有時對方說的最後期限也可能不是真的，你必須有技巧地試探。假設對方希望你下週回覆，那你可以回說下週必須出差，不在辦公室，看看對方的反應如何。

- **忘掉對方頭銜**：對方的頭銜、年紀或地位可能比你高，但當你們坐下來面對面交談時，彼此的關係是平等的。不讓自己被對方矮化，最好的方法就是做功課，你越了解對方的背景和專業，就越能和對方自在地對話，自然不會被對方看輕。

- **別把對方的話當真**：對方在談判桌上說的話或是提出的證據，你都必須持有某種存疑的態度，很多時候不是事實，只是一種談判技巧。例如：對方可能會提出大數量爭取大折扣，但最後根本不會購足原先的數量，但是你已經先答應給予較低的折扣，無法反悔。

- **對最後通牒視而不見**：你可能常常聽到：「我只能付這麼多」、「要就接受，不然就結束」、「這就是我的底限」……面對這些說法，其實不必覺得挫折或立刻決定放棄，這不是談判的結束，而是談判的開始。與其談到最後再被拒絕，一開始就表示拒絕反而直接。接下來就要看你問問題的技巧是否高明了，原則是不斷問對方「為什麼」，直到問出答案為止。而通常這時候，對方再也沒有拒絕的理由。

　　事先調查談判對手的心理狀態和預期目標，正確判斷雙方對立中的共同點，才能胸有成竹，不會讓對方有機可乘；相反，不知根底，在談判時優柔寡斷，無法立即回答對方的問題，會給別人許可權不夠或情況不熟的印象。

巧妙掌控客戶心理

　　萬事人為本，做生意實際上也就是人與人之間的一種交流溝通的過程，具體來說，就是銷售人員與客戶之間的交流。交流的好，生意自然也就談成了；反之，生意自然也就隨之而去。

　　毫無疑問，每一位客戶都有自己的性情特徵和購物習慣。市場上只要存在兩個以上的客戶，就會存在不同的消費需求。而且在市場經濟大潮下，消費者已經擺脫了原來的那種被動消費的狀態，開始向成熟的消費轉變。他們透過在市場上提供的不同的選擇之間的比較，來選擇自己想要的商品，不再是以前的那種「有什麼，我就買什麼」的情況了。他們已經能

夠作為一個獨立的消費個體出現在市場經濟的大舞臺上了。而且，隨著經濟的不斷發展，市場的不斷完善，客戶對服務的要求也越來越高，個人的權力意識也越來越清晰。這就要求銷售人員能夠將客戶區別對待，滿足不同客戶的心理需求，否則顧客是不會選擇你的商品的。這自然就加大了銷售人員與客戶之間溝通的困難，提升了對銷售人員的要求。

商場如同戰場，如何去滿足顧客的需求，打敗你的對手，贏得屬於你的客戶，很顯然，單純以低廉的價格和優質的產品來贏得客戶是遠遠不夠的，而是要從銷售過程中的各個細節，多個角度去分析，去提升自己的服務，從而使客戶感到滿意。只有使客戶滿意才會讓他成為你忠實的客戶。

那如何能夠使自己善於跟不同的客戶打交道，如何巧妙地掌控客戶的心理呢？下面這個案例會給我們一些啟示。

哈里森是美國一位優秀的電機銷售員，他講過這麼一件他親身經歷的有趣的事：

有一次，他到一家新客戶去拜訪，準備再向他們推銷幾臺新式電動機。不料，剛剛踏進公司的大門，便挨了當頭棒喝：「哈里森，你又來推銷你那些爛東西了！你不要做夢了，我們再也不會買你那些爛東西了。」總工程師斯賓斯惱怒地說。

經哈里森了解，事情原來是這樣的：總工程師斯賓斯昨天到生產線去檢查，用手摸了一下不久前哈里森推銷給他們的電機，感到非常燙手，便斷定哈里森推銷的電機存在嚴重的品質問題。因而拒絕了哈里森今日的拜訪，推銷更是無門啦！哈里森冷靜考慮了一會兒，認為如果此時硬碰硬地與對方辯論電機的品質問題，肯定於事無補，不如轉而採用一種稱之為「蘇格拉底討論」法來攻克對方的堡壘。

於是發生了以下的對話：

哈里森:「好吧,斯賓斯!我完全同意你的立場,假如電機發熱過高,別說買新的,就是已經買了的也得退貨,你說是嗎?」

斯賓斯:「是的。按國家技術標準,電機的溫度可比室內溫度高出 72 度,是這樣的吧!」

哈里森:「是的!」

斯賓斯:「但是你們的電機溫度比這高出了許多,喏,昨天差點把我的手都燙傷了!」

哈里森:「請稍微等一下,請問你們生產線裡的溫度是多少?」

斯賓斯:「大約 28 度。」

哈里森:「大約 28 度,加上應有的 52 度的升溫,共計 80 度左右。請問,如果你把手放進 80 度的水裡會不會被燙傷呢?」

斯賓斯:「那 —— 是完全有可能的。」

哈里森:「那麼,請你以後千萬不要去摸電機了。不過,我們的產品品質,你們完全可以放心,絕對沒有問題。」結果,哈里森又做成了一筆買賣。

哈里森的成功,除了因為他的電機品質的確沒有品質問題以外,他還利用了人們心理上的微妙變化。

沒有業績的根本原因在於你沒有打開客戶的心門,消除他們的疑慮、卸下他們的心防。

好奇心:打開銷售的金鑰匙

在實際工作中,銷售人員可以先喚起客戶的好奇心,引起客戶的注意和興趣,然後從中道出銷售商品的利益,迅速轉入面談階段。喚起好奇心的具體辦法則可以靈活多樣,盡量做到得心應手,運用自如。

每當我們接觸客戶的時候，時常會發現客戶仍在忙著其他的事情，如果我們不能在最短的時間內，用最有效的方法來突破客戶的抗拒，讓他們將所有的注意力轉移到我們身上，那麼我們所做的任何事都是無效的。唯有當客戶將所有注意力放在我們身上的時候，我們才能夠真正有效地開始我們的銷售過程。

一位人壽保險代理商一接近準客戶便問：「5 公斤軟木，您打算出多少錢？」客戶回答說：「我不需要什麼軟木！」代理商又問：「如果您坐在一艘正在下沉的小船上，您願意花多少錢呢？」如此令人好奇的對話，人壽保險代理商闡明了這樣一種思想，即人們必須在實際需要出現之前就投保。

某銷售員手拿一個大信封步入客戶的辦公室，進門就說：「關於貴公司上月所失去的 250 位客戶，我這裡有一份小小的備忘錄。」這自然會引起客戶的注意和興趣。

某大百貨商店老闆曾多次拒絕接見一位服飾銷售員，原因是該店多年來使用另一家公司的服飾品，老闆認為沒有理由改變固有的關係。後來這位服飾銷售員在一次銷售訪問時，首先遞給老闆一張備忘錄，上面寫著：「你能否給我十分鐘，就一個經營問題提一點建議？」這張便條引起了老闆的好奇心，銷售員被請進門來。他拿出一種新式領帶給老闆看，並要求老闆為這種產品報一個公道的價格。老闆仔細地檢查了每一件產品，然後做出了認真的答覆，銷售員也進行了一番講解。眼看十分鐘時間快到了，銷售員拎起皮包要走。然而老闆要求再看看那些領帶，並且按照銷售員自己所報價格訂購了一大批貨，這個價格略低於老闆本人所報價格。

可見，好奇心接近法有助於銷售員順利透過客戶周圍的祕書、接待人員及其他有關職員的阻攔，敲開客戶的大門。

　　無論利用語言、動作或其他方式引起客戶的好奇心，都應該與銷售活動有關。如果客戶發現銷售員的接近把戲與銷售活動完全無關，很可能立即轉移注意力並失去興趣，無法進入面談。

　　無論利用什麼辦法去引起客戶的好奇心理，必須真正做到出奇制勝。在現實生活中，每個人的文化知識水準和經歷不同，興趣愛好也有所不同。在某個人看來，新奇的事物，並不一定新奇。如果銷售員自以為奇，而客戶卻不以為奇，就會弄巧成拙，增加接近的困難。

　　與客戶見面時，要尋找顧客感興趣的話題，刺激對方的興奮點，這樣銷售就有可能更順利。這就要求，銷售員平時就要掌握一些心理學知識，以便在關鍵時刻使用。

記住他人名字，拉近彼此距離

　　有一則格言說，人對自己的名字比對地球上所有名字的總和還要感興趣。那些有所成就的人，往往能夠記住很多人的名字，不管是名人還是門童。記住別人的名字，而且很輕易就能叫出來，等於給予別人一個很巧妙而又有效的讚美。

　　現代社會裡，隨著人們交際範圍的不斷擴大，結識的人也就越來越多。無論是生意場上還是經朋友介紹，或者是在其他場合，我們都會跟許多陌生人見面，握手，交換名片，誇張地寒暄，可一轉身，關於這個人你可能就忘得光光的。所以，社會上就有了這邊說完「久仰，久仰」，轉過身跟別人說了兩句話，回來又問「您貴姓？」的笑話。

　　吉姆‧法利（Jim Farley）從來沒有見過中學是什麼樣子，但在他46歲時，竟有四所大學授予他學位，他成了民主黨委員會領袖，當上了美國郵政總局局長。他成功的祕訣在哪裡呢？原來，在他早年以一個石膏推銷

商的身分外出闖蕩的幾年中，在他擔任故鄉鎮公所職員的幾年中，他創造了一套熟記人名的方法。他自信地說：「我能叫出名字的人有 5 萬。」

法利年輕時就發現，一般人對自己名字的興趣遠遠超過對地球上所有人的名字的興趣。如果能記住這個名字並能隨口叫出來，那麼你就在無形中恭維了他，這是非常微妙而有效的恭維。但是。如果忘記了這一點或是寫錯了一個名字，你就會給自己造成完全不利的處境。

法利是怎樣記住這麼多人的名字的呢？一開始很簡單，每當他新交一位朋友時，他詢問此人的全名，他家庭有多少人，他做什麼生意以及他的政治觀點和傾向。然後，他將這些情況想像成一幅圖紙，將它全部儲入大腦。下一次再見到這個人時，即使是在一年以後，他也能拍拍他的背，問問他的太太和孩子的近況，問問他在後院裡種植的蜀葵生長得怎樣，這樣無疑就使他多了一位崇拜者。

有人說，正是憑藉法利的這種熟記人名的非凡能力，富蘭克林‧D‧羅斯福（Franklin D. Roosevelt）才得以入主白宮。當然，羅斯福本人對人名的記憶也可稱得上是一手絕活，他甚至還花時間去記住並回想所接觸過的機械師的名字。

羅斯福當上總統後，克萊斯勒（Chrysler）公司特意為總統造了一輛小轎車，並派馬弗‧錢伯林帶著一名機械師把車送往白宮。到了白宮，機械師也被介紹給總統。但他是個很靦腆的人，總是站在不起眼的地方，沒和總統說一句話，可是，總統在與他們分手前，四處尋找那位機械師，和他握手，叫出他的名字。錢伯林在講述這次難忘的經歷時說：「我教會了羅斯福總統怎樣操縱那輛有許多特殊設備的汽車，可是他教會了我許多處理人際關係的絕技。」

遺憾的是，我們中的大多數人並沒有意識到名字的重要意義，不願花

時間去專心記住他人的名字。

請記住：姓名雖然是人稱的符號，但更是人生的延伸。許多人一生奮鬥都是為了成功出名，所以，人對自己姓名的愛猶如對自己生命的愛。

有一位經營美容院的老闆說：「在我們店裡，凡是第二次上門的，我們規定不能只說『請進』。而要說：『請進！XX 小姐（太太）。』所以，只要來過一次，我們就存入檔案，要全店人員必須記住她的尊姓大名。」

如此重視顧客的姓名，使顧客感到備受尊重，走進店裡頗有賓至如歸之感。因此，老客戶越來越多，不用說生意越加興隆了。

安德魯‧卡內基（Andrew Carnegie）被人譽為鋼鐵大王，但他本人對鋼鐵生產所知無幾，他手下有幾百名比他懂行的人在為他工作。他致富的原因是什麼呢？他知道怎樣利用顧客的名字來贏得顧客的好感。比如：他想把鋼軌出售給賓夕法尼亞鐵路（Pennsylvania Railroad）公司，當時，那家公司的總裁是齊‧愛德格‧湯姆森，卡內基就在匹茲堡建造了一座大型鋼鐵廠，並取名為「愛德格‧湯姆森鋼鐵廠」。這樣，當賓夕法尼亞鐵路公司需要鋼軌的時候，就只從卡內基的那家鋼鐵廠購買。

在任何語言中，對任何一個人而言，最動聽、最重要的字眼就是他的名字。

當你走在陌生的人群中，突然聽到有人呼喚你的名字，什麼感受？興奮！假如這個能叫出你名字的人是曾經向你推銷過某種商品的人，這絲毫不影響你的愉快情緒，只能加深你對他的好感。再想一想這種情形，一個老闆在生產線或一線巡查的時候，走到一個員工面前，親切的叫出他的名字，並向他詢問有關工作生產的情況，你想這名員工心裡會是什麼樣的感受？

生意要想做得好，若想敲開他人緊閉的心理大門，連繫很難以電話溝通的人，最簡單的方法就是要記住他的名字。

銷售高手的語言攻心術

如果顧客想購買你的商品，你可以將此商品的優點、作用以及價格等向其徐徐道來。如果顧客看後，沒有購買你商品的動機，而你所賣的商品確實物美價廉時，你怎樣才能想方設法將其召回，使顧客變「不買」為「想買」呢？以下幾種方法可供參考：

▌疑問法

顧客看完你的商品後沒有購買欲望，這個時候，你直接向其講述該商品和其他商店所售商品相比品質如何好、價格如何低，顧客是聽不進去的。假若有一種法子，能夠使顧客抱著一種好奇心停下來，聽聽你的講解，則能夠使你所售商品賣出。這種法子就是設置疑問法。

一次貿易洽談會上，賣方對一個正在觀看公司產品說明的買方說：「你想買什麼？」買方說：「這裡沒什麼可以買的。」賣方說：「是呀，別人也說過這話。」當買方正為此得意時，賣方微笑著又說：「可是，他們後來都改變了看法。」「噢，為什麼？」買方問。於是，賣方開始了正式推銷，該公司的產品得以賣出。

該事例中，賣方在買方不想買的時候，沒有直接向其敘說該產品的情況，而是設置了一個疑問 —— 那人也說過沒有什麼可買的，但後來都改變了看法。引發了買方的好奇心。於是，賣方有了一個良好機會向其推銷該產品。

▌對症下藥法

顧客在不想買你所售商品時，有時候會說出不想買的原因。這時候你可以針對此原因對症下藥；這副「藥」一定要一針見血，即透過一句話就

說得顧客心裡高興。具體講，當顧客有自卑心理時，你可以採用讚美法；

當顧客悶悶不樂時，你可以採用幽默法；當顧客不明事理時，你要將道理說到點子上。

有位農村老太太去商店買布料，售貨員小李迎上去打招呼：「大媽，您買布嗎？您看這布多結實，顏色又好。」不料，那位老太太聽了並不高興，反而嘀咕起來：「要這麼結實的布有啥用，穿不壞就該進火葬場了。」

對老太太這番話，小李不能隨聲附和，但不吭聲又等於默認了。略一思索，小李便樂呵呵地說：「大媽，看您說到哪裡去了。您身子骨這麼結實，再穿幾百件也沒問題。」一句話說得老太太心頭發熱，不但高高興興買了布，還直誇小李心眼好。

這位農村老太太開始不想買的原因是自身存有自卑心理——擔心自己的身體狀況。售貨員小李用「身子骨這麼結實」這句讚美之語，消除了老太太的自卑心理。用「再穿幾百件」這句幽默之語，引得老太太心裡高興，把話說到了點子上，簡單的三言兩語便使這位老太太心情愉快地購買了布料。

▌熱情法

顧客在你商店挑選了半天，沒有購買一件商品。這時候，你可能會生氣。假若你不將不滿意的心情表現出來，並且對此時不想購買的顧客更加熱情，說不定，被你感動的顧客會回轉身來，心甘情願地買走你所售的商品。

一次，一個旅遊團不經意地走進了一家糖果店。他們在參觀一番後，並沒有購買糖果的打算。臨走的時候，服務員將一盤精美的糖果捧到了他們面前，並且柔聲慢語：「這是我們店剛進的新品種，清香可口，甜而不膩，請您隨便品嘗，千萬不要客氣。」如此盛情難卻，恭敬不如從命。旅

遊團成員覺得既然免費嘗到了甜頭，不買點什麼確實有點過意不去，於是每人買了一大包，在服務員「歡迎再來」的送別聲中離去。

此事例中，糖果店沒有對旅遊團的「開始不買」持責怨態度，相反，卻是更加熱情。這種居家待客式的真誠招待，使顧客不知不覺進入了糖果店營造的一種雙方好似親友的氛圍之中。「受人滴水之恩，定當湧泉相報」。既然領了店家的「情」，又豈能空手而歸呢？

▎讚美法

生意人有時要面對許多有做主權的客戶，當別人稱讚她（他）「做事，很棒」時，她（他）往往會做出一些讓人痛快的決定，藉以顯示她（他）是個有「權力」的人。尤其當你面對的是一位主管階層，而恰好身邊又有許多部屬在場時，更是如此。

當李大華還是個業務新手時，就常常學著稱讚別人，不過有時也會因為言語不當而招致失敗。因為不懂語言之美，多數的時候稱讚都不管用。但有一次，她無意中的一句「美言」，卻意想不到地做成了一樁生意。

偶然的一次機會，李大華結識了一位女士。李大華和她就業務交談了一次，她對經李大華手出售的房子感到較滿意，但問過價錢後，只留下一張名片。

看過名片，李大華不由一怔，從名片中得知她所在的公司是家頗具知名度的大公司。這位「女士」看起來貌不驚人，但名片上的頭銜可是「副總經理」。直覺告訴李大華，憑她的經濟實力完全可以購買一間房子。

第二天，李大華就直接打電話過去「行銷」，那位女士並沒有特別表示願意，只是簡單地說了一句：「價錢太貴了，如果能少算一點再談。」這個「話中之話」是說：房子滿意，價錢不滿意。但當時的李大華還不大

「懂事」，只是要求去公司找那位女士面談。

　　一進入該女士的辦公室，李大華被眼前的豪華和氣派驚呆了。一張大辦公桌，簡直和雙人床一樣大，左邊一套精緻的沙發，右邊還有一張大型的會議桌，有七八位職員正在「小組討論」，看來她正在開會。李大華也沒想太多，直接地說出第一句話：「哇！您手下有這麼多人啊！」

　　「是呀！這些都是我的公司下屬。」女士笑著說道。

　　「哇！這七八個人都是主管，那下面還有更多人吧？」李大華問道。

　　男性主管李大華見得多了，女性主管有這麼大排場的，她還是第一次看到呢！李大華既吃驚又羨慕地說道：「哇！那您的權力一定很大吧！可以決定人員錄取、人事升遷及薪資調整吧……」

　　「這只是一小部分而已！」女士自豪地說道。

　　「這還只是一小部分啊！這麼多男主管還得聽您這位女副總經理的。您一定很能幹，做事一定很痛快、乾脆，有女中丈夫的架勢。」

　　聽了這番話，李大華發現那位女士忽然變得神采奕奕，不知道她是高興還是生氣，李大華趕快把話題轉到房子上：「這房子真的很不錯，您要不要帶您先生來看過後再決定？」

　　沒想到，她對李大華的「建議」很不以為然，提升了嗓門，大聲說道：「不用等我先生來看了，我決定就行了。」李大華覺得她好像是講給旁邊的男部屬們聽的，就故意說：「這個價錢絕對很便宜，若您能做決定，不必問過您先生，我可以立刻幫您去找屋主談談價格，否則的話，等到家人看過再說好了。」李大華這一說奏了效，那位女士拿出支票，當場開了 300 萬元給她當定金。這時，全辦公室的男主管都靜寂無聲，十幾雙眼睛一起盯著女士看。女士很「嚴肅」地對李大華說：「好！我買了，就這個價錢，不必再帶什麼『人』去看了，我們明天就簽約。」

就這樣，李大華這椿生意成交了。

在商場上，只有掌握好時機，用恰到好處的語言說明對方或激將對方，就能打動客戶，把產品推銷出去。

在商場上，會用言語打動客戶，才能算是一個真正成功的商人。

揣摩心理，把話說到心窩裡

推銷不能一蹴而就，直來直往。你去說服客戶，客戶就會本能的產生反說服的心理，可能你越努力，對方的防範心理就越強。但是你若循序漸進，用誘導的方式一步一步地去說服就順利的多。

一位先生帶著兒子來體育服裝專櫃買棒球衣。還未說話，售貨員便對他一笑說：「您來啦，您是想買一套棒球衣的吧！」

這位先生感到十分奇怪：「是啊！你是怎麼知道的呢？」

「因為我看您一走過來，眼睛就盯著棒球衣，而且您兒子手中還拿著棒球呢。」

自然而然，既從心理上親近了顧客，也贏得了他的好感。當他選中一套正要付款時，售貨員走上前來笑眯眯地對他說：「先生，還有一套和這套球衣配套的汗衫、長襪呢！」

這位先生一想，說得有理，要買就買，於是點頭稱是。這位小姐一邊包裝衣物，一面漫不經心地看著小孩子穿的鞋，親切地問：「小弟弟，你還沒球鞋？」

孩子搖搖頭。

小姐轉過身來，以懇求的眼光看著這位先生說：「請您再破費一點給孩子買一雙球鞋吧！這麼英俊的年輕人，穿上新球衣，新球鞋，那才真叫精神！」

這位先生還在猶豫，鞋已包好遞到手上。先生一邊接過東西，一邊說：「您真會說話，讓人家花了錢還覺得高興。」

推銷最好的辦法，就是先站在對方的立場發言。下面這個案例就充分說明了這一點。

一家電器公司的銷售員挨家挨戶推銷洗衣機，當他到一戶人家裡，恰好這戶人家的太太正在用洗衣機洗衣服，就忙說：「哎呀！你這臺洗衣機太舊了，用舊洗衣機是很費時間的。太太，該換新的啦！」

結果，還沒等這位銷售員說完話，這位太太馬上產生反感，駁斥道：「你在說什麼啊！這臺洗衣機很耐用的，我都用了六年了，到現在還沒有發生過一次故障，新的也不見得好到哪裡去，我才不換新的呢！」這位銷售員只好無奈的走了。

又過了幾天，又有一名銷售員來拜訪，簡單的溝通後，他初步了解了太太的心理，便說：「這是一臺令人懷念的洗衣機，因為很耐用，所以對太太有很大的幫助呀。」

這位銷售員先站在太太的立場上說出她心裡想說的話，使得這位太太非常高興，於是她說：「是啊！這倒是真的！我家這部洗衣機確實已經用了很久，是有點舊了，我正在考慮要換一臺新的洗衣機呢！」

於是銷售員馬上拿出洗衣機的宣傳小冊子，提供給她做參考。

第二位銷售員用了這種說服技巧讓推銷一舉成功。

站在對方角度來推銷產品確實是一條捷徑。要做好銷售不僅要深入市場調查，了解使用者需求，還要研究客戶的心理，主動與客戶進行感情交流，達到心靈溝通，讓客戶感到你不是在向他們推銷業務，而是在關心他、想著他，為他提供方便。這樣客戶才會認可你的產品和服務。

尋找客戶感興趣的話題

張先生是一名天然食品銷售員。一天，他一如往常，把蘆薈精的功能、效用向一位陌生的顧客訴說，但對方對此並不感興趣。正當張先生準備向對方告辭時，突然看到顧客家陽臺上擺著的一盆精美的盆栽，上面種著紫色的植物。

於是張先生請教對方說：「好漂亮的盆栽，市場上似乎很少見，它是特別品種吧？」顧客自豪地說：「確實很罕見。這種植物叫嘉德里亞，是蘭花的一種。它美在那種優雅的風情。」

「的確如此。我想它一定很昂貴？」張先生接著問道。

「是的。僅僅這一盆栽就要 4,000 元呢！」顧客從容地說。

張先生故作驚訝地說：「什麼？ 4,000 元……」

「蘆薈精也不過就 4,000 元，這個顧客應該可以成交。」張先生心裡暗暗的想。於是把話題重點慢慢的轉入了盆栽上：「這種花每天都要澆水嗎？」

「是的，它需要精心的呵護。」

「那麼，您對這盆花的感情應該很深了，它也算是家中的一分子吧？」這位顧客覺得張先生真是有心人，於是開始傳授有關蘭花的學問，張先生聚精會神地聽著。

過了一會兒，張先生慢慢的把話題轉入到了自己的產品上了：「太太，您這麼喜歡蘭花，您一定對植物很有研究，您一定是一個高雅的人。您肯定也知道植物給人類帶來的種種好處 —— 給您的溫馨、健康和喜悅。我們的產品正是從植物裡提取的精華，是純粹的綠色食品。太太，今天就當作買一盆蘭花把天然食品買下來吧！體會一下天然食品的功效！」結果這位太太爽快地買下他的產品。

這個故事很值得我們學習。在我們要見一個客戶時，要先透過調查知道他的一些興趣、喜好或者經歷等等。這些可以作為正式話題之前的引題，千萬不能小看，兩個人距離的拉近靠的就是這些看似很小的話題。心理的距離近了，什麼事情都好辦了。下面這個故事就說明了這一點。

有一次，愛德華・查利弗為了贊助一名童軍參加在歐洲舉辦的世界童軍大會，極需籌措一筆經費，於是就前往當時美國一家數一數二的大公司拜會其董事長，希望他能解囊相助。

在愛德華・查利弗拜會他之前，打聽到他曾開過一張面額 100 萬美金的支票，後來那張支票因故作廢，他還特地將之裝裱起來，掛在牆上作紀念。

所以當愛德華・查利弗一踏進他辦公室之後，立即針對此事，要求參觀一下他這張裝裱起來的支票。愛德華・查利弗告訴他，自己從未見過任何人開過如此巨額的支票，很想見識一下，好回去說給小童軍們聽。董事長毫不考慮地就答應了，並將當時開那張支票的情形，詳細地講給查利弗聽。

查利弗開始並沒有提起童軍的事，更沒提到籌措資金的事，他提到的是他知道對方一定很感興趣的事。

「結果呢？說完那張支票的故事，未等我提及，他就主動問我今天來是為了什麼事。於是我才一五一十地說明來意。出乎我意料，他不但答應了我的要求，而且還答應增加名額，贊助 5 個童軍去參加童軍大會，並要我親自帶隊參加，他負責我們的全部開銷。另外，他還親筆寫了封推薦函，要求他在歐洲分公司的主管提供我們所需要的一切服務。」愛德華・查利弗說。

上面這兩個成功的推銷案例，說明了一個關鍵問題，就是成功的推銷往往在推銷之外，生活中的輕鬆話題就是你推銷的利器。在平常的推銷

中，許多的銷售員通常是以商談的方式來進行，但是如果有機會觀察銷售員和客戶在對話時的情形，就會發現這樣的方式太過嚴肅了。

所以所談之話中如果沒有趣味性、共通性是行不通的，而且通常都是由銷售員來迎合客戶。倘若客戶對銷售員的話題沒有一點點興趣的話，彼此的對話就會變得索然無味。

例如：看到陽臺上有很多的盆栽，銷售員可以問：「你對盆栽很感興趣吧？假日花市正在開蘭花展，不知道你去看過了沒有？」

看到高爾夫球具、溜冰鞋、釣竿、圍棋或象棋，都可以拿來作為話題。

對異性的流行服飾、興趣和話題也要多多少少知道一些，總之最好是無所不通。

打過招呼之後，談談客戶深感興趣的話題，使氣氛緩和一些，接著再進入主題，效果往往會比一開始就進入主題更有效。天氣、季節和新聞也都是很好的話題，但是大約一分鐘左右就談完了，所以很難成為共通的話題。

因此對客戶感興趣的東西，推銷中最好都要懂一些。要做到這一點必須靠長年的累積，而且必須努力不懈地來充實自己。

那些成功的銷售員為了應付各種各樣的準客戶，都要抽出時間到圖書館苦讀。他們研修的範圍極廣，上至時事、經濟、文學，下至家用電器、菸斗製造、木屐修補，幾乎無所不包。正因為他們有了廣博的知識，才能海闊天空地與客戶談論他們所感興趣的話題，從而使他們的推銷更簡單、更成功。

生意場上投顧客所好是一種非常實用的方法，有時比讚美一千句你的產品都更有效。

你給予客戶關心，客戶回報你財富

人都渴望被關心、被關心，客戶也是一樣。當你對一個客人表現出漠不關心甚至是冷漠的時候，試問他怎麼會接受你的服務和你的產品呢！相反，如果你能像關心朋友一樣去關心客戶，讓他的感情得到滿足。他又怎麼會不買你的東西、不和你做成生意呢？這便是為商之人「透過給予客戶關心來賺取金錢」的完美經商法則。簡單來說，就是要想從客戶那裡賺到錢，首先就要像朋友那樣去關心他。

馬佳佳想買一輛黑白相間的轎車，這個想法已經很久了。今天她終於有足夠的錢來買了。她走進了一家汽車銷售公司，但那位銷售員表現得心不在焉，似乎根本沒把她當回事，她覺得很不舒服，便轉身走了。

當她剛邁進第二家汽車店時，立刻就被這裡銷售員那充滿真誠的笑容打動了。銷售員十分熱情，向她仔細介紹各種型號汽車的性能和價格，使她感到十分滿意。在和這位銷售員的交談中，她無意當中提到今天是她的生日，這位銷售員馬上請她稍候一會兒。幾分鐘之後，他帶來一束鮮花，對她說：「雖然我們才認識，但是我想以朋友的身分祝你生日快樂！」

這一舉動讓馬佳佳十分感動，最後她毫不猶豫地購買了那位銷售員向她推薦的一輛黃色轎車，而放棄了要買一輛黑白相間的車的想法。

這位銷售員的高明之處就在於，他在做生意的時候，用情感作為基礎，讓單純的買賣有了極大的人情味，使顧客產生了深深的信任感。

常聽一些老業務員這樣說：「做業務在很大程度上說就是建立交情。」所以，在與客戶談合作的時候，要有意識地把濃郁的情感放進去，與客戶建立友好的關係，讓他對你產生朋友式的信任感。有了人情在，就不怕業務談不成，生意做不大。

要想賺客戶的錢，那就學著像朋友一樣去關心客戶吧！這種感情上的交往，會把客戶變成你忠實的朋友，為以後走更寬的路、做更大的買賣鋪墊了基礎，這是一本萬利的生財之道。

你想要別人如何對待你，你就先以同樣的方式去對待別人。只有先給予客戶關心，客戶才會給你豐厚的回報。

和則兩利，不要和客戶發生正面衝突

與客戶打交道，最應該避免的就是發生爭吵等正面衝突。但是，有些人卻因為在氣頭上而不能跳出自己那個狹小的思維圈子，最終導致激烈爭吵。其實，這樣做真正受害的還是自己。如果能試著換位思考，站在客戶的角度去看問題，那麼許多問題就能夠迎刃而解。我們與客戶之間所產生的問題往往都是由於太過執拗於自己的想法，而沒有考慮到對方的感受和利益。

戴爾·卡內基（Dale Carnegie）每個季度都要在紐約的一家大旅館租用大禮堂 20 個晚上，來講授社交訓練課程。但是有一個季度，他剛開始授課時，經理提出要他付比原來多 3 倍的租金。而這個時候，入場券已經發出去了，開課的事宜都已辦妥。

卡內基在兩天以後去找經理，他首先對經理提升租金的做法表示理解，然後幫他分析了這樣做的利弊，他說：「有利的一面：大禮堂不出租給講課的而是出租給舉辦舞會的，那你可以獲大利了。因為舉行這一類活動的時間不長，他們能一次付出很高的租金。租給我，顯然你吃大虧了。不利的一面：首先，你增加我的租金，卻是降低了收入。因為實際上等於你把我趕跑了，由於我付不起你所要的租金，就得另找地方。

「還有一件對你不利的事實：這個訓練班將吸引許多有受過高等教育

163

的中上層管理人員到你的旅館來聽課，對你來說，這其實是不花錢的活廣告。請仔細考慮後再答覆我。」

講完後，卡內基告辭了。

最後，經理讓步了。

在卡內基獲得成功的過程中，沒有談到一句關於他要什麼的話，他是站在對方的角度想問題的。可以設想，如果他氣勢洶洶地跑進經理辦公室，提升嗓門和經理大吵大鬧，那該又是怎樣的局面呢？你會知道爭吵的必然結果：即使他能夠在道理上壓倒對方，旅館經理的自尊心也很難使他認錯。

為了避免和客戶產生不愉快、發生衝突等問題，在與客戶交流的時候，切記的是不要心不在焉，別只顧周旋於主要客戶之間而忽視了他的同事或陪同人員。當你和重要客人的談話結束時，不要開始漫不經心，請自始至終也給在場的其他人一份關心。談話時，要看著每個人的眼睛。

如果沒有特別原因，不要談論多數人不感興趣、無法插話的話題，也不要進行令多數人興味索然的爭論。

在和他們交談的時候，要把主動權掌握在自己手裡，不要讓自己被客戶牽著鼻子走。要是他滔滔不絕，不給其他人說話的機會，你就不要再向他提問或詳細回答他的問題，否則他會更加沒完沒了。你可以禮貌但簡潔地用一句話做總結，然後再開始一個與此有些連繫的新話題。多向那些一直沒有機會發表意見的人提些問題，這會讓他們感到你的細心和周到。

請不要讓對方覺得你在尋找比他更有趣的談話夥伴。由你開頭的話題，就要把它認認真真地進行到底，別在他面前頻頻調轉頭去，顯出對他的話沒有興致的樣子。也不要給人這種印象：你老在張望門口或打量整個屋子，或是盯著牆壁發呆。

如果突然又有人過來加入到這個談話中，請注意主動向他打招呼，別冷落了他。大家談興正濃時進來一位新的談話夥伴，這是常有的事。此時，你若是能夠讓新加入者馬上融入到你們的討論中，則可以突出地展現你的一片好意。你應該熱情地注視新到場的客人，用微笑向他表示歡迎。

若剛好是你說到一半，請不要立即自顧自繼續講下去，你可以藉此機會用一兩句話把正在討論的話題簡要地告訴新來者，這樣做，他會對你的細心心存感激。

我們在和客戶打交道的時候，要站在客戶的角度上，設身處地替他們著想、理解客戶的觀點、知道客戶最需要的和最不想要的是什麼，只有這樣，才能為客戶提供金牌服務，才能永遠避免和客戶產生矛盾，更能有效地避免一切衝突的發生。

換位思考對於解決我們與客戶之間的問題非常有利。它能夠更加科學地、更加迅速有效地找出問題的所在，並將其解決掉。

輕鬆打通祕書這一關

你是誰？

哪裡找？

有什麼事？

以上是祕書（前臺）的專用詞，她們經常使用這三個問題來過濾每天接到的電話。一旦查出某個電話無關緊要，特別是推銷電話，她會委婉地說：「他正在開會……」

面對這種情況，很多銷售人員都覺得難以應付，經常是「出師未捷身先死」，從而錯過了一次又一此與負責人談判的機會。然而機會就隱藏在拒絕背後，很明顯祕書（前臺）不可能掛掉所有的來電，那麼究竟什麼樣

的電話她們不會掛掉呢？答案是：對她們公司很重要的電話她們是不可能掛掉的。她們之所以過濾掉小部分銷售人員的電話，原因很簡單，就是有一部分銷售人員的電話聽起來無關緊要，身為一家公司的祕書（前臺）有義務為她們服務的主管或者老闆節約時間。

　　其實，祕書這種做法無形中也給了銷售人員相當大的發揮空間。只要銷售人員頭腦稍微靈活一點，便可以「兵來將擋，水來土掩」，「逢山開路，逢水架橋」。比如：說話時要透出一點老友的親密態度，如果你說「麻煩請找王志武先生」，祕書肯定知道你是外人，如果你說「接王志武」或「老王在嗎？」，祕書也許一時反應慢，便將電話接過去了。

　　銷售人員務必使自己打出去的每一個電話都有很高的素養，至少要讓對方公司的祕書（前臺）聽起來對她們很重要，如果做到這一點，對方的祕書（前臺）就不會掛斷我們的電話了。然而遺憾的是，一部分銷售人員沒有參透其中奧妙，一開口說話就是推銷，剛一說完，對方一句「不需要」就立刻被打回原形，待在那裡，一臉委屈。

　　其實，什麼「開會」、「正在見客」、「赴約」之類，多數是擋箭牌罷了。祕書小姐的洞悉能力，往往只是根據最初的兩三句話。如果你能夠將說話變成好像太太找丈夫一般親密自然的話，祕書小姐肯定會毫不考慮地將電話轉接過去。如果您直接和客戶聯絡，他的回答是「是」、「不」，那麼祕書小姐是受命說「不」的人。不過，我們切勿欺騙對方。有一次，祕書小姐問一位銷售員是否是老闆的朋友，他回答「是」。當對方後來發現他是銷售人員冒充老闆朋友的時候，便破口大罵。

　　向祕書小姐施小恩小惠，即實際，又不失禮，還能解決問題，這是一流銷售高手的共識。有一位銷售員就做得很好。「總經理在不在！」祕書小姐說在就好辦，若說不在，不管對方是否撒謊，這位銷售員都長嘆一

聲：「真不巧。吃一片口香糖！這種口香糖可以潤喉、清嗓，使人的聲音更甜美。」他和祕書小姐聊了一會兒，留下一包口香糖離去。這樣一來自然引起了祕書小姐的好感，為下次見面做好了鋪墊。

此外，給各公司的祕書小姐送去好心情，也往往會帶來意想不到的成果。

有個日本人辭職去美國做生意，他穿上日本傳統服裝，來到紐約，打著「東洋神祕」的招牌，到處為人看相算卦，以此糊口，然而在紐約總是見不到任何一家公司的總經理，因為每次都被祕書小姐擋住。

「事先打招呼了嗎？」

「沒有。」

「沒有預約不能見總經理。」

每次就這樣被拒絕。他絞盡腦汁，思索討好祕書小姐的方法。因為如果再不成功，他的生活就將成問題。

這一天他又被祕書小姐拒絕了，可是他並不灰心。

「小姐，我給你帶來了東方的神祕之術，我可以立刻算出你的煩惱，我今天免費為你看相。我想你現在正為男友而煩惱是不是？」

就這麼一句話，使她大為驚異，立刻對這位知曉她命運的人肅然起敬。她的心情也隨之好多了。

「哦！請等一下。」說著，便馬上告知總經理，造就了他的面談機會。

事後別人問他怎麼知道那位小姐的苦惱，他笑著說：「像她這個小姐樣子，八九不離十。怎不為異性煩惱呢？

另一個要避諱的方法是切勿在半小時之內，連續找同一個公司的職員。比方甲君聽完您的電話之後，他會很自然地向同事說：「又是銷售人員。」他的同事便有所警覺，碰上銷售人員的電話時，及時反應是說「不」

字，雖然他心裡想購買你的東西，或者肯和你見面，但礙於旁邊的甲君拒絕了你，他又怎可以及時說「是」呢？所以碰上同一公司的職員，最好分開時間去聯絡，相隔一兩天才分別致電，總比連續不斷的撥電話好。

打電話一定能帶來生意，至於打電話與對方交談的方法呢？當然是越簡單越好。

一般公司祕書（前臺）對陌生電話管理很嚴的，她們有一套拒絕的本領，因為她們受命於上級。這時就看你如何打動她了，最起碼要知道，聊天是一種藝術。

十招讓客戶愛上你

面對客戶，銷售員的行為舉止是否符合客戶的期待，將決定他能否從心底裡接受你。有人總結了十大招術，博得客戶喜愛。

第一招：說話要真誠，真誠是友誼的開始。

第二招：給客戶一個購買的理由。要讓客戶為購買你的產品而萬分高興，認為花錢是值得的。

第三招：以最簡單的方式解釋產品，不要在客戶面前表現得自以為是。很多人在家裡貼著做人兩規則：第一條，老婆永遠是對的；第二條，即使老婆錯了，也按第一條執行。只要你把這兩句稍作修改，變成「客戶永遠是對的，即使客戶錯了，那也是我們的錯」。我相信你不僅是一名「新好男人」，同時也是一名工作出色的銷售員。

第四招：讓客戶覺得自己很特別。

有的客戶總認為自己是個非常有個性的人，如果業務員能把他當作特別的人來處理，客戶會認為遇到了知己，更願意花更多的時間和你相處，也更願意相信你的產品和銷售。客戶需要人格的尊重，需要你給他信心。

第五招：讓客戶知道不是他一個人購買了這款產品。最好使用客戶見證，譬如某某明星、某某部門等都是用你的產品。

第六招：注意傾聽客戶的話，了解客戶的所思所想。

有的客戶對他希望購買的產品有明確的要求，注意傾聽客戶的要求，切合客戶的需求將會使銷售更加順利。反之，一味地想推銷自己的產品，無理地打斷客戶的話，在客戶耳邊喋喋不休，十有八九會失敗。當客戶無意購買時，千萬不要用老掉牙的銷售伎倆向他施壓。如果客戶真的不要時，你要果斷的離開。

第七招：你能夠給客戶提供什麼樣的服務，請說給客戶聽，做給客戶看。

客戶不但希望得到你的售前服務，更希望在購買了你的產品之後，能夠得到良好的售後服務，持續不斷的電話，節日的問候等等，都會給客戶良好的感覺。如果是答應客戶的事千萬不要找藉口拖延或不辦。

第八招：不要在客戶面前詆毀別人。

縱然競爭對手有這樣或者那樣的不好，也千萬不要在客戶面前詆毀別人以抬高自己，這種做法非常愚蠢，往往會使客戶產生反向心理。同時不要說自己公司的壞話，不要在客戶面前抱怨公司的種種不是，客戶不會放心把保單放在一家連自己的員工都不認同的公司裡。

第九招：攻心為上，攻城為下。

只有你得到了客戶的心，他才把你當作合作夥伴，當作朋友，這樣你的生意才會長久，你的朋友才會越來越多。只有你把客戶做成了朋友，你的路才會越走越寬；反之，那只是曇花一現。攻心並不一定是大魚大肉的應酬、拍馬，錦上添花不如雪中送炭。平時過年過節的問候一下，一句話、一聲情、一杯酒，足矣！

第十招：鞏固關係在八小時之外。

如果你真想保留住客戶，那要真心愛你的客戶，要記住客戶的生日、愛好等資料，要讓客戶感受你的關心。尤其客戶遇到人生重大事情請你去參加，會對業務產生巨大影響。譬如：客戶母親過生日，你能夠去參加，那麼，可以說，你的訂單是鐵定的了。

銷售，是一門大學問。你首先要愛你的客戶，真心的愛他們，關心他們。用真誠打動客戶，用人脈開關客戶，用品質贏得客戶，用真心留住客戶，那你就是最棒的！

第六章　成交高於一切

　　成交是銷售工作的壓軸戲。在競爭激烈的銷售戰場上，誰能搶先成交，誰就是真正的贏家。如果銷售員不能促成交易，那麼充其量他只能稱得上是一個健談者罷了。生意成交，是銷售人員自我能力的測驗。在銷售過程中，由接觸、面談、洽商直至簽約，達成銷售目的，主要由銷售員的專業知識和說服能力而定。

一定要「吃透」自己的產品

對於銷售人員來說，在客戶面前樹立專業的形象是非常重要的。客戶往往喜歡和見多識廣、受過良好教育、能專業解決其需求的人打交道，而不會喜歡一個只裝半桶水的人。而且，銷售人員是客戶需求和問題的診斷師，沒有專業的形象和能力，如何能贏得客戶的信賴呢？

所以，對於任何一個銷售人員來說，不僅要熟悉自己的產品，更為重要的是要成為產品應用專家，尤其當所銷售的產品比較複雜的時候，必須讓客戶覺得你是他們的專家、顧問，你是用產品和服務來幫客戶解決問題的人，而不僅僅是銷售人員而已。

優秀的銷售人員必須能夠毫不遲疑地回答出客戶所提出的問題，在必要時，必須準確說出產品的特點。要想準確說出產品的特點，你必須先對商品有廣泛的了解，其中包括機械、技術、情報、原料等，你對商品所掌握的必要條件有：

- **用途**：這是最起碼的要求。很難想像展示自己的產品卻不知道它有什麼用途，就好像上了戰場卻不知道手中的武器是做什麼的。
- **使用法、操作法**：不知道商品如何使用就如同拿著槍卻不會用，那和一塊廢鐵也就沒有差異了。
- **材質、製造法、結構、製造廠**：要讓對方了解你的產品，就要詳細說明這些基本條件。
- **效果、價格**：要知道你的商品能有多大功效，尤其要了解商品的真正價格，做到心中有數，以備酌情進行討價還價。
- **賣法**：是批發，還是零售，還有運輸方法等都是對方必須了解而且十分關心的問題。

- **購入管道，市場評價**：商品從何而來，是否值得信賴，商品的聲望如何，是否信譽頗佳，都是你可以利用的有利證據。

熟悉了你的商品，下一步就要盡你所能地向對方展示了。說明商品首先要針對對方的立場和職務加以說明。首先要確認對方想知道什麼，要隨機應變，根據對方的反應，決定自己說明的方向與內容，或者先說出一個總論，分述的時候根據對方的反應去變化。說明商品的時候，更要察言觀色，不能不確認對方的反應，一味地說下去。每一個段落說完，都應觀察一下對方的反應，讓對方也說話，最理想的進行方式是問答式的交談。

展示你的商品，是最為關鍵的一步。如果商品不能合人意，任你說得天花亂墜也是枉然。這時，你要盡量使用訴之於視覺的材料，如資料、樣品、照片、幻燈片實物等。需要注意的是展示這些「證據」時，不要只放在桌上，而是交到顧客的手中加以說明，不能太早，但更不能等到客人催你時你再拿出來。

展示商品時，描繪其他顧客的好評，會使買者具有臨場感。你可以唯妙唯肖地模仿顧客的言行，可以展示使用者的來信、致謝信、登報鳴謝等，還可以利用現代的展示工具 —— 簡報投影，顯示顧客的好評。不要忘記，事實勝於雄辯，請對方實際接觸操作，更能引起他的興趣。

銷售人員只有具備了豐富的產品知識，才能成為推銷專家，才能信心十足，才能相信自己的產品，才能產生出足夠的熱情。

慎選推銷時機

事情發生在馬克舉家遷往達拉斯時，他的小兒子那時還不滿 4 歲，有一天下午小朋友突然走失了。他們夫婦倆找遍了房間，而且還挨家挨戶地沿街尋找。馬克下意識地開著車子到附近一家小型購物中心，他的妻子則

忙著打電話給鄰居，大家四處幫忙尋找，不時可以聽見他們高喊小兒子名字的聲音。不過結果依然是遍尋不見。

不久，警方也加入了尋人的行列。此時馬克再度開車出門到另一個購物中心，大街小巷到處找，就是不見小兒子的蹤影，鄰居們見狀也分頭幫忙尋找。

最後不得已他們還是回到家中，又開始在屋裡屋外找過一遍。不久，當地一家保安公司的工作人員也趕來助陣，馬克心急如焚地告訴他們小兒子不見了，有勞大家一起幫忙。

令人詫異的是，其中一名保險人員卻藉機推銷保險業務。開始馬克有些反應不過來，幾分鐘後一腔憤怒隨即在他胸中翻騰不已。心想現在是什麼時刻，哪有閒功夫和心情聽你推銷，當下直接問他幫不幫這個忙，推銷保險業務之事可以留待事後再談。

不識時務之徒莫此為甚。只要稍諳人情世故者都不會犯下這樣的錯誤。馬克之所以不厭其煩地舉此例子，目的只有一個，那就是在推銷這一行裡多麼需要一顆同情心。專心傾聽對方的心聲是成功的要件。那位保險人員就是耐不住那短短的數十分鐘而白白喪失了一次成功推銷保險的機會，因為馬克的小兒子不久即尋獲。

馬克說他若以電話向顧客推銷時，在對方拿起聽筒並簡單地問候之後，馬克往往會接著問：「請問你現在方便接電話嗎？能否占用你幾分鐘的時間？」此舉不單單基於禮貌因素，完全是事實上有此需要。

因此，如果你遇到顧客心不在焉時，建議你馬上停止推銷並且說聲：「親愛的顧客，抱歉占用了你寶貴的時間，請問你願不願意另外找一個適當時間再談，或者是願意再談下去？」因為顧客無心傾聽，生意自然難做。經過適度的提醒，就可以重新引起對方的注意力，如果對方無意長談

還可以另約時間，可以說是一舉數得。

身為一個推銷人員，馬克確信在推銷的過程中難免會不知不覺地過於熱衷而招致顧客的反感。這一切都可能發生，不過千萬要讓它降到最低程度。

身為一名銷售人員，你時刻要注意：一定要選擇對方注意力集中的時候推銷，選擇對方心情好的時候推銷。

幽「它」一默，在笑聲中成交

幽默是具有智慧、教養和道德上優越感的表現。」在人際社交中，幽默更是具有許多妙不可言的功能。幽默的談吐在銷售場合是離不開的，它能使那些嚴肅緊張的氣氛頓時變得輕鬆活潑，它能讓人感受到說話人的溫厚和善意，使他的觀點變得容易讓人接受。

幽默能產生活潑交往的氣氛。在談判雙方正襟而坐，言談拘謹時，一句幽默的話語往往能妙語解頤，舉座皆歡，來賓們開懷大笑，氣氛頓時可以活躍起來。

當然，雖說幽默很重要，並不是就主張你走到客戶的身後，拍著他的後背說：「喂，老兄，你聽說過某某旅遊銷售員嗎？」要是你真想開玩笑的話，一定要措辭乾淨和避免引起種種誤解，做什麼事情都要注意時間和場合。

那種不失時機、意味深長的幽默更是一種使人們身心放鬆的好方法，因為它能讓人感覺舒服，有時候還能緩和緊張氣氛、打破沉默和僵局。

在商品經濟高度發達的今天，「顧客就是上帝」已成為許多商品生產者和經銷者的座右銘，而對待「上帝」，當然要和顏悅色，客氣周到才是。

不過，要真正討到「上帝」的歡心，把「上帝」的金銀財寶榨乾、挖盡，就必須重視、掌握和運用幽默。

第六章　成交高於一切

人們常說的「走街串巷推銷」，是指某些小販天天背著包袱、挑著擔子，帶著少數的商品到處販賣的小生意人。也可以說是傳統而古老的「訪問推銷」。他們的售賣技巧也可以說是累積了數千年的經濟文化。隨著社會和經濟發展及交通的便捷，這種小商販在整個商業大軍中所占的成分越來越少了。然而現代商業推銷只是改頭換面，也即推銷工具、形式有大的改變，而推銷內容卻是大同小異。

這裡介紹一位「走街串巷」的小販的推銷術。

「有人在嗎？」她聲音嘹亮，熱情洋溢。還未等太太把門打開，她便推開了門。

「真對不起，門一推就開了。」推銷婦人很大方地解釋道，隨即爽快地進到門裡，把包袱從肩上卸下來，簡直就像走親戚似的。

「太太，我今天給您帶來了海帶，是海底野生的，不是人工養殖的！很好吃。」

話語之間讓人感到是曾經專門托她帶來似的，而事實上根本不是這麼回事。接著，她還從包袱裡拿出了花生、蠶豆、魷魚乾等等可以當下酒菜的東西擺在門廳的地板上。

「今天我只帶了兩包，第一包一下子就賣完了，太太……」

她的言語充滿著自信心和說服力，讓你從感情上覺得不買說不過去似的，只有買下來才能對得起她，又好像她與自己是好久未見的朋友。

這位推銷婦人從一開始就給人以一見如故之感，而且自始至終她都能控制著銷售氣氛和進程，不是很高明嗎？

這位走街串巷的銷售員的妙趣橫生、技巧絕倫的推銷事例可以給我們現代的新潮銷售員一些很好的啟示：

不要光顧說話，要把握時機來展示你的商品，讓他去聽、去看、去

摸……把他的興趣很快變成欲望。

不要說「買不買……」，要像這位婦人的語氣「我給您帶來了……」「您看，現在就賣完了……」言語間充滿了暗示和誘導。

要讓顧客對你產生一見如故的感覺，過度客套反而會拉開你與顧客間的距離。不要讓對方有說「不」的機會，要從頭到尾控制著買賣的氣氛和進程。

「逆向」成交法

「逆向」成交法是極具效力的說服顧客方式。你必須絕對誠實，並且一直保持誠懇。

李瑞華在一家廚具公司服務了約 3 個月後，他首度運用了心理學這項真正的銷售策略。推銷高級廚具這類商品並不容易，李瑞華必須盡一切可能爭取最多的客戶，但交貨的時間卻通常都會延遲 1 到 3 個月。大量的需求無法獲得滿足，具有經驗的銷售員自然能充分發揮，但李瑞華在當時還只是剛剛涉足銷售業務，他做得很辛苦。

一天，李瑞華敲開了一戶人家的門，試圖向他們推銷商品，屋主是一位交通警察，開門的是他的太太。她讓李瑞華進入屋內，並告訴李瑞華說，她的先生和鄰居在後院，她和鄰居的太太樂意看看李瑞華的廚具。當李瑞華進到屋內後，他鼓勵兩位太太邀請她們的先生一起看他的商品，李瑞華擔保他們的先生也會對商品展示感興趣，兩位太太於是把她們的先生請了進來。

無論如何，要說服男人認真觀看商品展示是極困難的事情。李瑞華帶著熱誠展示他的廚具，以本公司廚具煮未加水的蘋果，也以他們自家的廚具加水煮一些蘋果，李瑞華把最後的差異指出來。令他們印象深刻，然而

男士們仍裝作沒興趣的樣子，深恐要掏腰包買下李瑞華的廚具。

此時，李瑞華知道推銷過程並未奏效，因此決定運用「逆向」成交法。他清理好廚具，打包妥當，然後向兩對夫妻表示，很感激你們給予機會展示商品，原本期望能在今天將產品提供給你們，但只能等待以後的機會。

結果兩位先生即刻對李瑞華的廚具表現出高度的興致，他們兩人同時離開座位，並問李瑞華什麼時候可以出貨，李瑞華告訴他們，他也無法確定日期；但有貨時他會通知他們。他們堅持說，怎麼知道你不會忘了這件事。李瑞華回答說，為了安全起見，建議你們先付訂金，公司有貨時馬上就會送來，但可能要等上 1 到 3 個月。他們兩人均熱切地從口袋中掏出錢來，預付訂金給李瑞華。大約在 6 週之後李瑞華將貨送給這兩戶人家。

整個銷售過程，李瑞華所說的都是事實。

人們的天性顯露，越是得不到或很難取得的貨物，他們就會越想要得到。李瑞華只是適當利用了人們的這一本性，做成了兩筆生意。

運用「逆向成效法」，你必須絕對誠實，並且一直保持誠懇。否則，你欺騙的伎倆可能被顧客拆穿，這樣他們也就不可能對你產生信賴。更嚴重的是，你個人的形象將因此而毀壞，銷售事業勢必一敗塗地。

重點進攻有意向購買的顧客

在促銷旺場，通常會有很多的顧客，所以要求銷售的時候，一定要快速成交，千萬不要在一個顧客身上耗費太長的時間，否則時間浪費了，效果也不一定好。其實一個旺場一般也就是 30~50 分鐘，有些銷售員可能就成交一個顧客，在一個顧客身上耗費了整個旺的時間。而如果同樣的時間花在那些比較快買單的顧客身上，肯定能成交好幾筆訂單了。

下面就介紹幾條快速成交技巧：

- **不要向顧客介紹多餘的新商品**：一旦發現顧客的購買訊號，就不要再給顧客介紹新的商品了，否則顧客看多了以後，就會因難以選擇而離開，銷售員費力不討好。應該引導顧客把注意力量集中在他一直精心挑選的商品上，不讓顧客分心。

- **幫助顧客縮小選擇範圍**：通常顧客察看太多商品後，會產生目不暇接，難以下決心購買的情況，所以銷售員想快速成交，就要幫助顧客縮小選擇範圍。怎樣才能縮小範圍呢？一般來說，最好把顧客選擇範圍限制在兩種左右，至多不超過三種。如果顧客還想看更多，則要把他不喜歡的移開或拿走，不過注意在拿開商品的時候，要做到輕鬆自然、隨意，不能只埋頭收起商品，而讓顧客有受冷落的感覺。

- **要盡快幫顧客確定他喜歡的商品**：顧客在試過一些產品之後，很多都會猶豫不決，好像既喜歡這個，又喜歡那個，很容易搞不清楚自己到底喜歡哪樣，所以我們需要幫助顧客盡快確定他喜歡的商品。怎樣才算是顧客喜歡的商品呢？一般來說，顧客試得最多的、詢問次數最多的、挑剔次數最多的、注視時間最長的、觸摸次數最多的、成為顧客比較重心的商品，就是顧客所喜歡的了。而且還可以拿出來顧客試過的、不怎麼喜歡的產品和顧客喜歡的那個對比，顧客心裡馬上就有了比較，加快了選擇的進度。

- **進攻右腦，促進成交**：許多時候，顧客已經找到喜歡的商品了，但由於各種各樣的擔心和猶豫，導致他遲遲不下決定，這時候，我們可以讚美顧客，給顧客信心，進而促成交易。比如：「你戴上這款手錶真的很漂亮，非常配你的氣質，戴出去肯定會投來許多羨慕的目光，我幫你包起來吧。」

- **利用嘗試心理促成交易**：有時候，顧客下決心購買的時候，還是有些擔心，比如說擔心買回去家人不喜歡之類。這時候，我們可以選擇退一步，建議顧客嘗試買回去看看，並且要給顧客適當的鼓勵，告訴他哪怕不喜歡，那也是他的心意，家人肯定會心領的。還可以跟顧客說可以包換，消除顧客的後顧之憂。

- **利用利益引導顧客及早購買**：當顧客想買，但還在猶豫，要繼續等等時，要告訴顧客現在購買將獲得的利益，促使顧客馬上購買。例如：「美女／帥哥，早買早漂亮嘛！既然這麼喜歡，就不要讓它錯過了，而且現在我們這裡購買還可以獲得贈品，裡面還有卡片可以抽獎呢！如果過幾天來買，就不能享有這麼好的機會了，所以趁現在恰好遇到自己這麼喜歡的東西，一定要把握機會了，千萬不要給自己留下任何遺憾。」

- **利用對美好場景的描述促使顧客及早購買**：美好的情景，是每一個顧客所非常嚮往的，這時候，我們只要把他描繪出來，非常有效。
  例如：「美女／帥哥，你太有眼光了，挑選這款送她做情人節禮物，做你的女（男）朋友肯定很幸福，建議你先買好，早點送給她，這是多麼幸福啊！所以要好好把握了，我現在就幫你包起來吧。」

許多準顧客即使有意購買，也不喜歡迅速簽下訂單，聰明的銷售員就要改變策略，暫時不談訂單的問題，轉而熱情地幫對方挑選顏色、規格、式樣、交貨日期等，一旦上述問題解決，你的訂單也就落實了。準顧客想要買你的產品，可又對產品沒有信心時，可建議對方先買一點試用看看。

十個常用的銷售成交法

▌直接成交法

直接成交法又稱之為請求成交法，這是銷售人員向客戶主動地提出成交的要求，直接要求客戶購買銷售的商品的一種方法。例如：「我能幫您開發票嗎？」

這一直接促成成交的方式簡單明瞭，在某些場合十分有效。當銷售人員對顧客直率的疑問做出了令顧客滿意的解說時，直接促成交易就是很恰當的方法。請求成交法如果應用的時機不當，可能給客戶造成壓力，破壞成交的氣氛，反而使客戶產生一種抵觸成交的情緒，還有可能使銷售人員失去了成交的主動權。

▌假定成交法

假定成交法也可以稱之為假設成交法，是指銷售人員在假定客戶已經接受銷售建議，同意購買的基礎上，透過提出一些具體的成交問題，直接要求客戶購買產品的一種方法。例如：「張總，您看，假設用了這套設備以後，你們是不是省了很多電，而且成本有所降低，效率也提升了，不是很好嗎？」

此類方法是指零售店人員在假定顧客已經接受了商品價格及其他相關條件，同意購買的基礎上，透過提出一些具體的成交問題，直接要求顧客購買商品的一種方法。假定成交法的主要優點是可以節省時間，提升銷售效率，適當減輕顧客的成交壓力。

▌選擇成交法

選擇成交法，就是直接向客戶提出若干購買的方案，並要求客戶選擇

一種購買方法。就像，「您是加兩個蛋呢，還是加一個蛋？」還有「我們禮拜二見還是禮拜三見？」這都是選擇成交法。向客戶提出選擇時，盡量避免向客戶提出太多的方案，最好的方案就是兩項，最多不要超過三項，否則你不能夠達到盡快成交的目的。

▌小點成交法

小點成交法又叫做次要問題成交法，或者叫做避重就輕成交法。是銷售人員在利用成交的小點來間接地促成交易的方法。例如：「王經理，這個價錢也算公平吧，關於設備安裝和維修問題也由我們負責，您儘管放心使用，如果沒有別的問題，我們就這樣定了。」這裡，銷售員沒有直接提及購買決策本身的問題，而是先提示價格、設備安裝及維修之類的次要問題並取得經理的認同，慢慢誘導經理做出購買決定，同時主動提出成交請求。

使用小點成交法應注意的是：一是針對顧客關心的問題選擇適當的成交就輕點；二是注意小點問題和大點問題的連繫，做到以小點問題的解決構成大點問題的解決。

▌優惠成交法

優惠成交法又稱為讓步成交法，指的是銷售人員透過提供優惠的條件促使客戶立即購買的一種決定的方法。

▌保證成交法

保證成交法是指銷售人員直接向客戶提出成交保證，使客戶立即成交的一種方法。所謂成交保證就是指銷售人員對客戶所允諾擔負交易後的某種行為。例如：「您放心，這部液晶電視我們會負責監督」。

▍從眾成交法

從眾成交法也叫做排隊成交法，利用顧客的從眾心理，大家都買了，你買不買？這是一種最簡單的方法。

▍唯一機會成交法

唯一機會成交法也叫做無選擇成交法、唯一成交法、現在成交法、最後機會成交法。就是告訴顧客，所剩商品不多，欲購從速。這一促使顧客做出購買決定的方法，其實是指銷售人員提醒顧客立即採取購買行動，以抓住即將消失的利益或機會。

▍異議成交法

異議成交法也可稱為大點成交法，就是銷售人員利用處理客戶異議的機會，直接要求客戶成交的方法。因為客戶提出異議，大多是因為對產品有某些心理障礙，一旦他們的心理障礙被排除，提出的異議被有效處理，銷售人員立即請求簽單，往往可以獲得趁熱打鐵的效果。

在銷售過程中，客戶提出的異議既是成交的障礙，也是成交的機會。銷售人員能夠巧妙地運用這種技巧，則可以突破障礙，把障礙的異議轉變成成交的異議，從而達到促成訂單的目的。

要掌握這種技巧也並非輕易的事情，還需要注意一下以下兩個方面的事項：一是掌握機會，否則，使用這種異議成交法就失去了應有的效果；二是要區分真異議和假異議，次要異議和主要異議，只有在主要異議得到圓滿答覆後才是較好的機會。

▍小狗成交法

小狗成交法來源於一個小故事：

一位媽媽帶著小男孩來到一家寵物商店，小男孩非常喜歡一隻小狗，但是媽媽拒絕購買。於是，小男孩又哭又鬧。店家發現後就說：「如果你喜歡的話，就把這個小狗帶回去吧，相處兩三天再決定。如果你不喜歡，就把牠帶回來吧。」幾天之後，全家人都喜歡上了這隻小狗，媽媽又來到了寵物商店買下了這隻小狗。

這就是先使用、後付款的小狗成交法。有統計表明，如果準客戶能夠在實際承諾購買之前，先行擁有該產品，交易的成功率將會大為增加。

偉大的銷售員能利用一切方法，拉近客戶的心理距離，透過察言觀色，讓顧客毫無顧慮地掏出腰包，而且絕不後悔。

顧客最常用的十大推託藉口

▌藉口 1：我要考慮考慮

顧客：我想考慮一下。

銷售員：X 先生（女士），太好了，您想考慮一下就表示您有興趣，是不是呢？

顧客：是的。

銷售員：這麼重要的事情，您一定會很認真做決定的，對吧？

顧客：是的。

銷售員：您這樣說應該不會是想躲開我吧？

顧客：不是不是，您千萬別這麼想。

銷售員：既然您有興趣，您又會很認真地做出您最後的決定，我又是這方面的專家，那我們為什麼不一起考慮呢？您一想到什麼問題，我就馬上答覆您，這樣夠公平了吧？

顧客：……

▌藉口 2：太貴了

針對這一藉口，有以下四種對策。

（1）價值法

銷售員：X 先生（女士），我很高興您能這麼關心價格，因為那正是我們公司最能吸引人的優點。一件產品真正的價值是它能為您做什麼，而不是我要為它付多少錢，這才是產品有價值的地方。如果您在荒漠裡，走了三公里，快渴死了，一瓶水可值一百萬，因為一瓶水讓您重新獲得走回家的力氣，這是這一瓶水的價值。如果有一個賣水的人過來，一瓶水賣您十塊，我保證您不會跟他討價還價，如果這時候您有錢，您一定會買這瓶水，您說是嗎？大多數的人，包括我都清楚的了解，好東西不便宜，而便宜的東西也很少是好的。

當顧客在嫌貴的時候，你只要秀出它的價值，同時比較一個更貴的產品，他立刻覺得不是那麼貴。任何東西都有人嫌貴，因為嫌貴是一個口頭禪。所以假如你的產品是最貴的，就是說沒有產品比你更貴的話，那你要對你自己的產品感覺很驕傲。

（2）比較法

- **與同類產品進行比較**。例如：市場 XX 牌子的多少錢，這個產品比某某牌子便宜多啦，品質還比某某牌子的好。

- **與同價值的其他物品進行比較**。例如：這些錢現在可以買 a、b、c、d 等幾樣東西，而這種產品是您目前最需要的，現在買一點都不貴。

（3）分解法

將產品價格分攤到每月、每週、每天，尤其對一些高檔服裝銷售最有效。買一般服裝只能穿多少天，而買名牌可以穿多少天，平均到每一天的

比較，買貴的名牌顯然划算。如：這個產品你可以用多少年呢？按十年計算，算出實際每天的投資是多少，你每天花一點點錢，就可獲得這個產品，非常超值！

（4）假設法

客戶先生，如果價格低一點點，那麼今天你能做出決定嗎？

▍藉口 3：別處賣得更便宜

顧客：別人家賣得價格比你們低。

銷售員：X 先生（女士），您說的可能沒錯，您或許可以在別家找到更便宜的產品，我們都希望用最少的錢買到最大的效果，不是嗎？

顧客：當然。

銷售員：同時，我也常常聽到一個事實，那就是最便宜的產品往往不能得到最好的效果，不是嗎？

顧客：是的。

銷售員：許多人在購買產品時，都會以三件事做評估：最好的品質、最好的服務、最低的價格。對吧？到目前為止，我還沒有發現有任何一家公司能同時提供給顧客這三件事，因為我們都聽說過好貨往往不便宜，便宜往往沒好貨，您說是不是呢？所以，我很好奇，為了能讓您長期使用這個產品，這三件事對您而言，哪一件您願意放棄的呢？是最好的品質嗎？

顧客：不是。

銷售員：是最佳的服務嗎？

顧客：不是。

銷售員：那就是最低的價格。

顧客：……

▌藉口4：超出預算

顧客：我不買了，這已經超出我的預算了。

銷售員：X先生（女士），我完全可以了解這一點。一個管理完善的公司需要仔細的編列預算，因為預算是幫助公司達成利潤目標的重要工具，不是嗎？

顧客：是的。

銷售員：但為了達成結果，工具本身應帶有彈性，您說是吧？

顧客：是的。

銷售員：假如今天有一項產品能帶給公司長期利潤和競爭力，身為企業決策者，為了達成更好的結果，您是讓預算控制您，還是主動控制預算呢？

顧客：……

▌藉口5：我很滿意目前所用的產品

銷售員：三年前，您使用我們的產品之後，得到好處了嗎？

顧客：得到了。

銷售員：您真的很滿意嗎？

顧客：是的。

銷售員：既然您告訴我三年前您做出的決定，並且很滿意自己當時所做的考慮，現在您為什麼又否定一個跟當初一樣的機會在您面前呢？當初您的考慮給您帶來了更多好處，為什麼您現在不再做一次決定？您說我說的有沒有道理呀？

顧客：……

▌藉口 6：過些時候我再買

銷售員：過些時候您會買嗎？

顧客：會！

銷售員：現在買跟過些時候買有什麼差別嗎？

顧客：……

銷售員：您知道現在買的好處嗎？您知道過些時候再買的壞處嗎？我給您計算現在買比幾個月後買可以節省或多賺多少錢，再給您計算幾個月後再買會損失或少賺多少錢？

顧客：……

▌藉口 7：我要問某某

銷售員：X 先生（女士），如果不用問別人您自己可以做決定的話，您會買嗎？

顧客：會。

銷售員：換句話說您認可我的產品了？

顧客：認可。

銷售員：那您會向別人推薦我的產品了？

顧客：會。

銷售員：也許是多餘的，但允許我多問幾句，您對品質還有問題嗎？

顧客：沒有了。

銷售員：對服務還有問題嗎？

顧客：沒有。

銷售員：對價格還有問題嗎？

顧客：沒有。

銷售員：對我們公司還有問題嗎？

顧客：沒有。

銷售員：對我還有問題嗎？

顧客：沒有。

銷售員：您還有別的問題嗎？

顧客：沒有。

銷售員：太好了，接下來我們什麼時候可以與 XX 人見面？

顧客：……

藉口 8：經濟不景氣

銷售員：X 先生，多年前我學到一個真理，當別人賣出的時候，成功者買進，當別人買進的時候，成功者賣出。最近有很多人說到市場不景氣。但是在我們公司，我們絕不會讓不景氣困擾我們，您知道為什麼嗎？因為今天有很多擁有財富的人都是在不景氣的時候建立他們事業的基礎，他們看到了長期的機會而不是短期的挑戰。因此他們做出了購買的決定而獲得了成功，當然，他們必須願意做出這樣的決定。今天您也有了相同的機會，可以做出相同的決定，您願意給自己一個機會嗎？

顧客：……

藉口 9：不跟陌生人做生意

銷售員：我知道您的意思，並且非常理解，同時您知道嗎，當我走進這扇門時，我們就已經不是陌生人了，您說是嗎？

顧客：……

▌藉口 10：不買就是不買

銷售員：X 先生（女士），我相信在世界上有許多優秀的銷售員，經常有很多人向您推薦許多優質的產品，不是嗎？

顧客：是的。

銷售員：而您當然可以向任何一位銷售員說不，對不對？

顧客：對。

銷售員：身為一個專業的銷售員，我的經驗告訴我，沒有一個人可以對我說不，他們是在對自己說不（對自己的未來、健康、幸福、快樂等等任何與產品有關的都可以），而我怎麼能夠讓顧客因為一點小小的問題而對他們自己說不呢？如果您是我，您忍心嗎？

顧客：……

想要更有效地達到銷售的目的，對客戶的藉口就非得好好研究不可。若能掌握好方法，並加以運用，一定可以增加許多成交的機會。

第七章　客戶＝人

　　客戶是你事業的命脈，他們成就了你的事業，是你工作中最重要的人，是你生命中的貴人。客戶也是有感覺、有感情的，你想要別人對你好，你就要對他們更好。你的職責是盡可能地滿足甚至超越客戶的需求、欲望及期望。客戶絕不是你去爭辯或鬥智逞能的對象，他們有權利得到最懇切、最周到、最專業的服務。

第七章　客戶＝人

處處留心皆客戶

銷售的第一步是尋找客戶，幾乎每一個銷售員都知道，有多少客戶和如何開發客戶決定了一個銷售員的成敗。但是有的銷售員問：「滿大街都是銷售員，讓我們上哪裡找？怎麼找客戶啊？」事實上，銷售中從來都不缺少客戶，而是缺少一雙發現客戶的眼睛。

把每一個人都看成準客戶，需要在任何時候都不忘以最簡短但有效能的方式宣傳自己銷售的產品。優秀的銷售人員會及時掌握機會，絕不會讓機會白白地溜走。你要處處留心，抓住每一次機會接觸準客戶。不僅要充分利用在銷售宣傳、上門走訪等工作時間內，更多的則是要在八小時之外，如上街購物、週末郊遊、出門做客等等。習慣成自然，那麼你的客戶不僅不會減少，而且會越來越多。

小趙是一家公司的銷售員。有一次到一家商場買東西。他正低頭細細挑選商品，忽然聽到旁邊有人問女售貨員，「這個多少錢？」

小趙抬頭望去，真巧，問話的人要買的東西與自己要買的東西一模一樣。女售貨員很有禮貌地回答：「這個要兩萬元。」那人答道：「好，我要了，你幫我包起來。」

小趙覺得很惱火，購買同一樣東西，別人可以眼睛也不眨一下就買了下來，而自己卻得為了價錢而左右思量。於是，他腦子裡那條敏感神經突地又跳起來了，他決心追蹤這位爽快的「有錢先生」。那位先生繼續在百貨公司裡悠閒地逛了一圈，看了看手錶後打算離開 —— 那是一支名貴的手錶。

「追上去！」小趙對自己說。

「有錢先生」走出百貨公司門口，穿過人潮洶湧的馬路，走進了一幢

辦公大樓。大樓的管理員殷勤地向他鞠躬。他果然是個大人物，小趙緩緩地吐了一口氣。

眼看他走進了電梯，小趙向一位管理員打聽。

「你好，請問剛剛走進電梯的那位先生是……」

「你是什麼人？」

「是這樣的，剛才我在百貨公司掉了東西，他好心地撿起來給我，卻不肯告訴我大名，我想寫封信向他表示感謝，所以跟著他，冒昧向你請教。」

「哦，原來如此，他是某某公司的總經理。」

「謝謝你！」

接下來的日子，小趙透過這種方法得到了一位新客戶。

銷售人員要有一種「認定對方就是我的客戶」的積極心態，把遇到的每一個人都認定是自己的客戶。使自己形成一種條件反射積極地去銷售，這樣成功率會大增。

搜尋客戶的方法有很多，銷售人員應充分利用各種對搜尋有幫助的資訊、人員和手段。

- **公司的老客戶**：你可以從公司某些部門獲得客戶目錄清單，以及與這些客戶有關的有價值資訊。這些目錄清單可能包括一些你以前忽略的潛在客戶。由於這些客戶是你公司的老客戶，所以非常有理由相信他們會對你提供的商品或服務感興趣。
- **公司的服務部門**：服務部門的職員能向你提供新的潛在客戶的資訊。因為，他們經常與從公司購買產品並需要維護或維修的客戶進行接觸，因此，他們更容易識別出哪些客戶需要新產品。公司的送貨員也容易發現潛在客戶的需求。與非競爭對手企業的服務部門人員進行合作，也是不錯的方法。

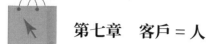

第七章　客戶＝人

- **公司的財務部門**：財務部門能幫你找到那些不再從公司買東西的老客戶。公司的財務部門可能還有與這些潛在客戶簽訂信用合約的各種記錄。如果你能確定他們不再購買的原因，那麼就有機會重新贏得他們。

- **公司廣告**：很多公司訂貨增加是因為做了大量廣告和宣傳，或者是在特定區域內寄送了大量優惠卡。一般來說，有這些反應的人被稱為活躍的潛在客戶。你要在銷售過程中盡量發揮公司廣告所帶來的好處。

- **展覽會**：在一個大城市，每年要舉行大大小小成百上千次展會，有汽車展、旅遊用品展、家具展、電腦展、服裝展、家庭用品展等，名目繁多。你要記下每個到各展臺參觀者的姓名、地址和其他有關資訊，以便對他們進行追蹤連繫。

- **電話和郵寄**：很多公司寄出大量的回覆卡片，或是雇人進行電話連繫。用這一方法可以獲得大量潛在客戶，而且，幾乎所有的公司都可以用這一方法吸引感興趣的潛在客戶。

- **銷售同行**：其他非競爭公司的銷售員經常可以提供有用的資訊。在與他們自己的客戶接觸時，可能會發現對你產品感興趣的客戶。如果你與其他銷售員有「扎實」的關係，那麼他會把這些資訊通知你。所以銷售員要注意培養這種關係，並且有機會時給他們提供同樣的幫助。

- **報紙和雜誌**：銷售員應多留意一下宣傳印刷品，你會發現許多潛在客戶的線索。報紙刊登的工廠或商店擴建的新聞會很有幫助。在商業雜誌以及其他一些雜誌上，你可以找到更多的商業機會，銷售員應了解一下本行業的雜誌並從中尋找潛在客戶的線索。

- **社團和組織**：你的產品或服務是否只是針對某一個特定社會團體，如年輕人、上班族、銀行家、學生、零售商、律師或藝術家？如果是這

樣，那麼這些人可能屬於某個俱樂部或社團組織，因此，他們的通訊錄將十分有用。

- **通訊錄**：目前市面上有很多帶有姓名和地址的特殊目錄或資料出售，你可以買到需要的通訊錄。這些通訊錄在大型公共圖書館中可以找到，也可以從網路中獲取資訊。

客戶資源是取之不盡、用之不竭的。只要你善於開發，每一個人都可能成為你的客戶。多動腦才會發現客戶，多用心才能發掘出客戶，永遠不要停下搜尋客戶的腳步。

十種接近客戶的常用方法

在現實生活中，當人們外出見客，都會精心打扮並做好約見的準備工作。其實，做銷售也一樣。為了完成一次客戶拜訪，為了邀請客戶參加產品推薦會，為了能夠順利簽訂合約，銷售員不僅要善於從各種管道發掘有價值的客戶名錄，還應該懂得接近客戶的技巧。

如果銷售員在初次見面時就能取得客戶信任，那麼他就有可能使客戶接受自己的產品和服務，簽訂銷售合約。反之，如果在初次見面時，客戶對銷售員的印象糟透了，那麼就意味這個客戶即將流失，或者說很難達成購買意向。

張學輝是一位保險公司的業務員。他曾經追蹤一輛 BMW 車，因為他發現開 BMW 車的都是有錢人，而他要賣大保單必須找大客戶。他跟著這輛 BMW 車的主人一起去運動、遊玩、買菜等等。一個禮拜之後，他對顧客的資料背景胸有成竹了。他又了解到今天下午 3 點，顧客會去健身俱樂部健身，於是他就先跑到健身俱樂部去，在健身俱樂部穿得跟那個老闆一模一樣的運動服褲子，梳著一樣的髮型。

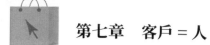

　　張學輝在旁邊跑步，跑到一半的時候，老闆突然過來了——他心想這個人怎麼穿得跟我一模一樣？於是，張學輝也裝作很好奇地看著對方，對方也很好奇地看著張學輝。兩個人打完招呼就互相聊天。跑步跑累了，他們就去打網球，當張學輝把網球拍拿出來時老闆一看，你怎麼連用的網球拍都跟我的一模一樣？連打網球的動作跟姿勢也一模一樣。最後打完網球了他們兩個人去游泳。到了男更衣室，張學輝泳褲一套上，老闆一看嚇了一跳，說：「你怎麼連穿的泳褲都跟我一模一樣？」張學輝答道：「我也不知道，可能是巧合吧。」

　　跳進泳池後，他們連游泳時的自由式蛙式都一模一樣。游完泳之後，老闆很喜歡張學輝，說：「你乾脆來我家吃個飯吧。」張學輝說：「不了，改天你來我家吃飯，我們就約星期天，你說好不好？」老闆覺得張學輝如同自己多年未見面的兄弟一樣，所以決定去張學輝家裡。

　　張學輝本來沒有 BMW 汽車的，但為了要配合老闆，他就租了一輛 BMW 汽車擺在門口。老闆開車到他家門口一看，驚嘆道：「你連開的汽車都跟我一模一樣，不可思議，太像了！」

　　到了餐廳，張學輝點菜。菜上來後，老闆一看：「這一桌菜怎麼都是我喜歡吃的？」

　　張學輝說：「我不知道你喜歡吃這些，純粹是我個人喜歡吃的，這是巧合。」

　　老闆一聽：「怎麼這麼巧，你到底是做什麼的？」

　　「我在保險公司做保險銷售的工作。我的很多朋友都是老闆，都跟我買保險。我為他們規劃了很多理財性的保單，我自己也買了兩份。您買了沒有？您要不要也買兩份？」

　　老闆最後一聽，就說：「好吧，好吧，我買。沒問題，我肯定跟你買。」

接近是指在實質性洽談之前，銷售人員努力獲得客戶接見並相互了解的過程，接近是實質性洽談的前奏。「接近客戶的 30 秒，決定了銷售的成敗。」這是成功銷售人共同的體驗。在銷售活動中，特別是需要面談銷售的時候，如何接近客戶，是銷售員頭疼的事情。社會交往中，人們往往重視第一印象。所以說是推銷產品首先是推銷自己，如果顧客對銷售人員不信任，他就不可能相信你的產品，更談不上購買你的產品。

在銷售中不僅具有「首次印象效應」、「先入為主效應」，還有很多潛在的客觀因素。聰明的銷售員不是口若懸河的辯士，而是一位忠實的傾聽者。如何接近客戶，給客戶留下良好的首次印象呢？通常可歸納為十種接近客戶的方法：

- **介紹接近法**：介紹接近法是銷售員最渴望的方法，難度小，輕鬆。通常是客戶轉介紹、朋友介紹。無論採用哪種介紹法，首先都會考慮到關係問題。在銷售過程中，兼顧好多方關係才能實現平衡。每一個人背後都有社會關係，所以你只需要整理好你的社會關係，然後開始拓展你的業務。

- **問題接近法**：這個方法主要是透過銷售人員直接向客戶提出有關問題，透過提問的形式激發顧客的注意力和興趣點，進而順利過渡到正式洽談。需要注意的是，盡量尋找自己的專長或者說客戶熟悉的領域。如：某某先生，不知道你用不用這個牌子的手機呢？你這個沙發很舒服，哪裡有賣呢？

- **求教接近法**：世上渴望別人傾聽者多於渴望別人口若懸河者。銷售員可以抱著學習、請教的心態來接近客戶。這種方法通常可以讓客戶把內心的不愉快、或者說深層潛意識展現出來，同時，客戶感覺和你很有緣。就會經常與你交流，成為朋友之後，銷售就變得簡單了。

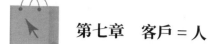

- **演示接近法**：演示接近法是一種比較傳統的接近方法，如街頭雜耍、賣藝等都採用現場演示的方法招徠顧客。在利用表演方法接近顧客的時候，為了更好地達成交易，銷售員還要分析顧客的興趣愛好，業務活動，扮演各種角色，想方設法接近顧客。

- **好奇接近法**：這種方法主要是利用顧客的好奇心理來接近對方。好奇心是人們普遍存在的一種行為動機，顧客的許多購買決策有時也多受好奇心理的驅使。如果可以的話，你把你的產品使用方法展示出來，每一個產品一定有獨特之處，就像筷子一樣，除了吃飯使用，我們還可以當藝術品。如果你能展示筷子如何辨別溫度、如何判斷食物中成分，或者說和某個活動結合在一起，這樣就能事半功倍了。需要注意的是找到獨特之處，驚奇之處，新穎之處。

- **禮物接近法**：銷售人員利用贈送禮品的方法來接近顧客，以引起顧客的注意和興趣，效果也非常明顯。在銷售過程中，銷售人員向顧客贈送適當的禮品，是為了表示祝賀、慰問、感謝的心意，並不是為了滿足某人的欲望。在選擇所送禮品之前，銷售人員要了解顧客，投其所好。值得指出的是，銷售人員贈送禮品不能違背國家法律，不能變相賄賂，尤其不要送高價值的禮品，以免被人指控為行賄。

- **利益接近法**：如果銷售人員把商品給客戶帶來的利益或者說價值在一開始就讓客戶知道，會出現什麼情況呢？一類人是繼續聽銷售人員的講解，另一類人是走掉了。通常留下的客戶準確度較高，你試過之後就會明白。例如：某某先生，如果一臺電腦可以讓你一年節省 50,000 元，你會不會考慮呢？

- **讚美接近法**：你聽過狐狸與烏鴉的故事吧，狐狸用甜言蜜語騙取了烏鴉的食物。這種方法使用起來不要過多，如果在 3 分鐘內，說了太多

的讚美，別人就會反感。尋找到讚美點或者說讚美別人的理由，是很重要的一環。例如：趙總，你今天的髮型很酷。

- **銷售信**：不管是透過普通郵寄、電子郵件，還是傳真的方式發出的銷售信，都是要吸引潛在客戶購買、來電、來函或直接來公司參加展銷會。銷售信的目的和銷售員在面對面的銷售過程中經過舉例、許諾來傳達產品品質或服務一樣。信寫長一點無妨，應該像朋友促膝密談一樣。

- **視所有人為百萬客戶**：任何的人都有可能提供給你成交的機會，也許不是你現在所面對的客戶，而是他所轉介紹出來的客戶，如果他所轉介紹出來的客戶下了百萬訂單，介紹你去成交的這個客戶算不算是百萬客戶呢？當然算，甚至他有可能是千萬客戶，因為他可能只是因為單純的喜歡你而介紹了好幾個百萬的訂單給你，這樣的人不能再稱之為百萬客戶了，應該叫做千萬客戶才對。可是沒有人知道這樣的一個人是誰，也許你認識，也許你根本不認識，也許就是你下一秒鐘即將認識的那個人。

以上十種接近客戶的方法，是銷售員接近客戶最常使用的，能夠綜合使用，效果會更好。

銷售是接近目標主動出擊的過程。接近客戶的方式有無數種，只要動腦筋，選擇最合適的就可以。

成功約見客戶，做好銷售第一步

約見是指銷售人員與客戶協商確定訪問對象、訪問事由、存取時間和訪問地點的過程。約見在推銷過程中有著非常重要的作用。它是推銷準備過程的延伸，又是實質性接觸客戶的開始。

第七章　客戶＝人

隨著通訊科技的發展，交流溝通的方式越來越多，如電話、郵件、FB、IG、LINE等等，但任何一種方式的溝通也代替不了面對面的溝通。尤其是一些金額比較大的產品，必須要以面對面的溝通來完成銷售，這就需要我們能有效的走好第一步：約見客戶。

要想成功的約見顧客，我們要學會換位思考，反過來想想，顧客憑什麼見我們，給他一個見我們的理由，千萬不要讓他覺得見你有壓力。每個人都喜歡無拘無束，都喜歡輕鬆自在，都不喜歡被推銷，都不喜歡有壓力，所以你需要以一種輕鬆的方式約見顧客，比如說順道拜訪，比如說送一些和他工作、生活相關的資料作參考等等。

一般來說，利用電話做初步交涉或者是取得預約的要領，和正式拜訪時在初步交涉這一階段要注意的事項相去不遠。重點不外乎以下幾點：

- **先取得對方信任**：誠信本為立身處世之本，不論在哪一行業都是這樣，尤其是在行銷這一行業。要想將商品推銷出去，最基本的條件就是先取得對方的信任。如果是面對面接觸的話，客戶至少還能憑對行銷人員的印象來判斷，但是在電話中根本沒有一個實體可做判斷的依據，只能憑聲音來猜測，因此，首先要注意的是說話的語氣要客氣、語言應簡潔明瞭，不要讓對方有著受壓迫的感覺。

- **說話速度不宜太快**：一般人在講電話時說話速度會比面對面交談快很多，可是對方並不是你的親朋好友，並不熟悉你的語調和用詞。如果你說話速度太快，往往會使對方聽不清楚你所講的內容，也容易給對方留下強迫接受你的觀點的感覺。

- 強調「**不強迫……**」：一般利用電話做初步交涉主要目的在於取得預約拜訪的機會，應該再三強調「只是向您介紹一下產品的意義和功用，絕不強迫您……」以低姿態達到會面的目的。

- **多問問題，盡量讓客戶說話**：在面對面接觸時，你可以從客戶的表情動作看出客戶是否在專心傾聽，但在電話交談中，由於沒有判斷的依據，你無法推測對方的內心想法。因此，要多問問題，盡量讓客戶發表意見，才能知道客戶的真實想法。

- **由行銷人員決定拜訪的日期、時間**：原則上，拜訪的日期、時間應該由你主動提出並確定。因為如果你問對方「您什麼時候有時間？」而他對產品不感興趣，就極有可能會回答你「啊，真不巧，這段時間我都很忙」。如此一來，又得從頭開始來說服他，不如主動建議「下禮拜二或禮拜五方便嗎？」萬一他都沒有時間，你應把日期往前提，因為往後拖延的話，你的說服力會大大減弱。另外，對方也可能發生其他變故。

推銷人員要達到約見顧客的目的，不僅要考慮約見的對象、時間和地點，還必須認真地研究約見顧客的方式與技巧。注意客戶的生活作息時間與上下班規律，避免在客戶最繁忙的時間內約見客戶。

想方設法創造需求

作銷售的都知道，哪裡有需求，哪裡就有市場。看到誰買了馬，就去賣鞍；看到誰買了摩托，就去賣安全帽；看到誰失眠，就去賣安眠藥。這就是市場。是的，因為這裡有需求。有需求的客戶當然是最好的客戶，當然也很容易成交。但是，很多時候客戶是暫時沒有購買需求的，那麼你怎麼面對沒有需求的客戶呢？是束手無策，還是創造需求？真正優秀的銷售人員總是善於創造客戶的需求，幫助客戶發現自己未來的需求。那就需要銷售人員在沒有需求的情況下，創造需求。只有找出客戶的真正需要，才能夠引導客戶買下你銷售的東西。

第七章　客戶＝人

有一句諺語叫「牛不喝水強按頭」，意思是強迫某人做某事。這當然是做不到的，但我們可以想辦法讓牛主動喝水：第一，把牛放出去運動，運動出汗後，牛自然會喝水，以補充身體內的水分；第二，在牛草料裡放點鹽，牛吃草後自然會產生飢渴，有了飢渴也就有了喝水的需求。可見，要想讓人主動做某件事，必須給他創造一定的需求。

有這麼一則案例，說是在一個寒冷的冬天，一個馬戲團到某個鄉鎮去做巡迴演出，因為節目編排新穎，演員演技高超，所以一連十幾天，場場爆滿，觀眾如潮。馬戲團的到來，也給當地的商販帶來了很大的商機，許多商販趁機賺了一把，但也有例外，一個賣汽水的商販，無論怎樣吆喝，就是沒有人買。是呀，在寒冷的冬天，有誰願意去喝冰涼的汽水呢？這個商販經過冥思苦想之後，終於想出了一個妙招，就是在觀眾進場時，每人免費贈送一包味道可口的炒豆，當然，這包炒豆有點鹹。果然，炒豆的效應立刻顯現出來，許多觀眾在中場或表演結束之後，立刻跑到汽水攤前，迫不及待地去喝汽水，商販的汽水迅速以汽水加炒豆的價格銷售一空。

「看馬戲、吃炒豆、喝汽水」這種行為，就是「創造需求」，然後再「滿足需求」。

銷售人員應該在掌握人心的情況下，充分發揮銷售的本領，所謂攻心為上正是這個道理。下面都是人們最基本的需求，也正是銷售人員把它變成購買力的最佳機會。

- **生存的基本需求**：比如食品、衣物、房子等，每個現代人每天都不停地在消費這些東西，因為這是他們生存的基本條件。
- **生活必需品**：在現代社會裡，很多以往不需要的東西如今都變成了必需品。這些必需品在幾十年以前是不存在的，例如汽車、冰箱、洗衣機、烘乾機、電話等等家庭電器用品。

- **賺更多的錢**：您可以告訴您的客戶：買了你銷售的東西以後，他能夠多賺多少錢。大多數的銷售人員，都必須不停地說服客戶，讓客戶們了解他們產品的品質有好多，或是購買他們的產品將獲得多高的利潤。出色的銷售人員都會告訴買主，他的產品能夠減少多少人力，並提升多少工作效率，改善辦公環境，從而使這個公司賺更多的錢。這種誘導的出發點，事實上便是針對人們對便利和利潤的渴求。

- **內心的寧靜**：這是人類基本需求之一。能帶給人類安全舒適的產品和服務真是不勝枚舉，小至汽車裡的安全帶，大至銷售保險等等，都屬於這類專案。例如：美國的消費大眾每年要花幾百萬美金購買一些防備性的藥物。

- **社會地位**：即使在今天這個能源短缺的時代，大型的轎車仍然是社會地位的象徵。想想看您的朋友裡有多少人在買房子後不向他人炫耀？這種要求人們承認他的社會地位的心理，可以助你銷售出像鑽戒、貂皮大衣和私人游泳池等這類的奢侈品。現在越來越多的度假勝地、上流俱樂部、餐館以及美容行業都是靠著這個心理因素而存在的。

很少有人會因為產品或服務具有某種特點，而毅然花錢去買它，他們大多是基於自己的需要才掏錢去購買的。所以，了解人們的購買動機，並充分利用這些動機，那麼，贏取高額的銷售業績就不是一個奢望。

在銷售界，有這樣一個定律：一流的銷售人員創造需求，二流的銷售人員滿足需求，三流的銷售人員忽視客戶需求。由於人性中有「追求快樂，逃避痛苦」這樣一個規律，所以在銷售時，一定要「把好處說夠，把痛苦說透」，這樣成交就已經實現了一半。

管道是這樣做出來的

　　一些產品或品牌由於缺乏一定的知名度，要想在激烈的消費品市場上爭得一席之地，確實有一定的難度，但也不是沒有可能。在暫時沒有強大的媒體推廣能力下，不如先從管道的規劃做起，集中全部的精力，扎扎實實地從一個網點到一個城市，再由一個城市到一個區域，由一個兩個區域，再圖謀整個國家，至而全世界，從而逐步建立起屬於自己的銷售領地，這在企業的發展初期是一個比較現實的明智之舉。

　　市場占有率很大程度上是管道做出來的，絕不僅僅是廣告打出來的，單純的憑廣告宣傳很難做到擁有較高的市場占有率。

　　市場銷售管道模式主要可分為五種類型：

- **生產者-消費者**：即生產者直接把產品銷售給終端顧客，不經任何中間環節的管道模式，它是生產者市場銷售管道的主要模式。其特點是產銷直接見面、管道最短、所需費用較少。

- **生產者-批發商-消費者**：這是經過一道中間環節的管道模式。它的特點是管道較短、中間環節較少，有利於減輕企業銷售產品的負擔，提升勞動生產率。

- **生產者-代理商（經紀人）-消費者**：這是一種經過代理商（經紀人）一道中間環節的管道模式，比較適合於客戶群具有一定特異性的產品或產品具有一定特異性的生產者。

- **生產者-代理商（經紀人）-批發商-消費者**：即生產者先委託代理商（經紀人），再由代理商透過商品批發商把產品賣給終端顧客。這是生產者市場銷售管道中比較長、比較複雜的一種管道模式。它的中間環節較多，流通時間較長，但它有利於實現專業化分工，在全社會

範圍內提升勞動效率，節省流通費用。

- **生產者 - 生產者銷售機構 - 批發商 - 消費者**：它是生產者市場銷售管道最長、最複雜的一種管道模式。生產者透過自己的銷售機構與各種批發商接觸，最後把產品賣給最終顧客。它的特點與第四種銷售管道模式相近，但比其他四種模式更難控制。

隨著市場情況的變化，每一個企業的行銷管道都需要不斷地加以改進。

從點滴做起，精心編織起一張行銷大網，即便是無名小企業，也能在競爭激烈的市場中，占有一席之地，由弱者成為強者。

客戶的口碑就是你的財富寶藏

當同樣的產品以同樣的價格出現在消費者面前時，作為一個成熟的消費者，一定會參考出售這種商品的商家的口碑如何，然後選擇購買口碑更好的那家的產品。所以對於任何一個生意人來說，口碑都是一種不能忽視的資本。

那你知道一個商家的好口碑是如何建立的嗎？如果一家銷售人員為顧客解決問題的態度非常好，而第二家則拒絕為客戶解決問題或者態度非常惡劣，那麼大家一定會把更多的肯定評價送給第一家，這就是口碑。而且客戶不僅購買了第一家的產品，同時等於為第一家做了最好的宣傳，其能帶來的價值回報是比任何廣告都大的。也就是說，如果你能在最短的時間內為顧客提供最優質的服務，顧客會不由自主地免費幫你做宣傳，那麼這就會成為你最好的口碑。

在全球華人富豪當中，已故的台塑集團前董事長、人稱「塑膠大王」的王永慶，從小家庭非常貧困，小學畢業就輟學了，先到茶園做雜工，後到南部嘉義縣的一家小米店當學徒。一年後，他開了一家米店，開始了艱

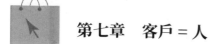

難的創業之路。

　　當時，嘉義就有米店 26 家，競爭非常激烈。而他的全部資金只有父親為他東挪西借來的 200 元，只能在一條偏僻的巷子裡承租一個小小的店面。由於米店規模小，地處偏僻，缺乏知名度，在新開張的那段日子，生意冷冷清清，門可羅雀。

　　他開始思索生存下去的辦法，那時候，稻穀加工非常粗糙，大米裡有不少糠穀、砂粒等雜物。在這種其他賣家都認為很正常的「普遍現象」中，王永慶卻發現了「商機」。

　　王永慶決定以此為突破口，透過幫助顧客解決品質問題來提升口碑。於是，王永慶和夥計們一起動手，將夾雜在大米裡的糠穀、砂粒統統清理乾淨。花同樣的錢，誰不愛買品質好的大米呢？就這樣，王永慶比其他米店高了一個等級的米，自然就受到了更多顧客的歡迎。

　　此外，王永慶還發現很多顧客買了米再運回去是一件很麻煩的事，而且有的顧客年紀大了更不方便，於是王永慶就免費把大米幫顧客送到家中，倒進米缸。而且細心的他，每次幫新顧客送米，都要打聽這家有多少人吃飯，每人飯量如何，據此估計這家下次買米的大概時間，記在本子上。到時候，不等顧客上門，他就主動將米送了過去。

　　王永慶處處都在為顧客著想，他幫助顧客解決了品質問題，運送問題，甚至省去了顧客下次去買米的時間。他的周到服務尤其令那些老弱病殘的顧客感激不盡，自從買過王永慶的大米後，再也沒到別家米店去買過米。當然，他的口碑也越來越好，生意也自然越做越興隆。本來一天只賣 12 斗米，後來一天就可以賣 100 多斗米。王永慶也就是從這家小米店起步，最終成為日後臺灣工業界的「龍頭老大」。

　　幫助客戶解決問題，其實就是在建立自己的口碑。比如：你花五千多

元從一家店裡買了智慧型手機，用了一個月，出現了一點故障，就拿到該店去修理。該店的服務人員為你提供了熱情周到的服務，不僅幫你修好了智慧型手機，而且還在三天後，打電話詢問修好的智慧型手機是否能讓你滿意？對他們的服務你有什麼意見或者建議？那麼，你一定會想，一個五千多元的智慧型手機，尚且如此用心，真是不錯。然後，你就會不自覺地把自己的感覺與更多的朋友分享，你的朋友又會告訴給更多的朋友，結果一傳十，十傳百，這就是口碑效應。

再比如：你買了一臺熱水器，用了一年後，出現了不能智慧恆溫的問題，當初買的時候，銷售人員許諾是終身保修的。於是，你就按照當初留的電話，打了過去，對方聽了你說的問題後，說請你放心，他們會派人在24 小時之內上門服務。果然，第二天，就有師傅來幫助你修理了。進門的時候，怕把你家的地板弄髒，特意在鞋子上套了自帶的鞋套。忙碌了一個小時，終於修好了。然後，他還和你分享了一些延長熱水器壽命的注意事項，和一些省電的小竅門，這讓你感激不盡。暗自慶幸，當初選擇這個品牌的熱水器真明智，以後你就會成為這家熱水器的忠實客戶，並會為他做免費的廣告宣傳。

但是，也有很多商家無法了解到這一點，只求把產品賣出去就完事。一旦出現問題，不但不幫助顧客解決，還把一切過錯都歸咎在顧客身上。

其實，把產品銷售出去並不是銷售工作的終結，而是客戶體會服務的開始，良好的售後服務才能讓客戶信任於你，讓他們發自內心地說你好，比你花幾百萬甚至幾千萬請明星做廣告的效果更好，更持久。所以，千萬不要忽視了口碑，不要忽視這一無形的資本所能帶來的財富效應！

「金獎銀獎不如客戶的誇獎，金杯銀盃不如客戶的口碑」，企業最大的效益就是贏得客戶的「口碑」。

客戶背後的人脈網會為你帶來無窮收益

大家都知道喬·吉拉德是世界著名的銷售員，那你知道他成功的祕訣是什麼嗎，就是那套由他本人總結出來的「250」法則。那什麼是 250 法則呢？其實，它的含義就是：在每一個顧客的背後，大體上都有 250 名親朋好友，這些人又會有同樣多的關係。因此，得罪一名客戶，就等於得罪了潛在的 250 名顧客。相反則會產生同樣大的正效應。

這也就是說，我們不能把一個客戶看成是一張單一的資源，而應該看成是一個人脈網，我們所要做的就是利用這張人脈網，去網路那些自己所需要的人際關係，讓他們幫助自己實現由窮到富的轉變。

戴摩爾多年來一直在她家附近的快樂超市買東西，但有一天，她發誓再也不去這家超市買任何東西了。

事情是這樣的：那一天是週末，她像平常一樣去超市買日用品和牛奶、飲料。但她發現，脫脂牛奶沒有貨，麵包的份量還是那麼大，她有些生氣。

戴摩爾是單身，大袋的麵包吃不了；她最怕發胖，只喝脫脂牛奶。而她已經不止一次地把她的要求或者說是建議告訴服務員。可是，超市的做法沒有任何的改變。

後來，她找到超市的經理，把自己的建議告訴了他。沒想到經理卻扔給她一句冷冰冰的話：「我們超市面對的是大眾，不能因為你個人的要求而改變」。

戴摩爾氣極了，她發誓再不來這裡買東西了。

也許這位經理只是認為失去戴摩爾一個客戶沒什麼，可是，他卻沒有想到，他也將因此失去戴摩爾背後潛在的客戶群。假如發生了這一件事之

後，戴摩爾會找 10 個人來分享他們不快樂的經驗。假如這 10 個人又分別會告訴給 6 個人。那麼這個超市失去的就是 10+10×6 = 70。再加入這個 70 個人每週平均來這裡消費 500 元，那麼損失就是 35,000 元，得罪一個客戶，每週就損失 35,000 元。這些數字就足以叫人產生警惕，但這些數字還只是保守估計而已，一位顧客事實上每星期絕不止花 500 元用於購物。所以失去一個顧客實際上造成的損失比這些數字大得多。

如果你認為在一個客戶心目中留下一個不好的印象，或者傷害了某個客戶都是無關緊要的話，那你就大錯特錯了，因為可能這個客戶所有的朋友都不再相信你。即使你花了再多的精力去想要說服他們，即使你找了更多的理由來說明，都很難挽回這個局面。所以，不要傷害任何一個客戶的感情，培養和發掘客戶背後的客戶，這才是最精明的做法。

除了要以真誠、謙卑的態度去對待客戶外，還要學著感謝、讚美客戶，並力爭讓自己的產品和服務超過其期望值。特殊情況下，你可以送些小禮品給客戶，以換取他們對你的好感。

小沈是一位冰箱銷售員，在第一次拜訪客戶的時候，他並不忙著推銷自己的冰箱。而是送給客戶一支小型溫度計，讓他們把它放入正在使用的冰箱裡。等到下次拜訪時他便請冰箱的主人看一下冷藏溫度是否符合標準。如果溫度達不到要求，很自然地就能引出是否需要購買新冰箱的話題。

需要記住的是，你送的這些小東西不需要過於昂貴，以免造成對方的心理負擔，使其敬而遠之。比如別緻的打火機、精美的筆記本、可愛的菸灰缸等，都可以成為你收買人心的小禮物。美美是推銷飲水機的，她每天中午休息時間便進入各公司拜訪，但她每次都會帶著看似無意實則精心準備的小禮物。有時是口香糖，有時是一顆酸梅，一一分送給在場的每個

人。吃完飯後，來片口香糖或是一顆酸梅，精神格外清爽。

　　這種小禮物，的確是人際關係中最好的媒介，將你與準客戶之間的圍牆逐日清除殆盡。小小的一份禮物能產生莫大的效果。而這種方法之所以能贏得客戶的好感。是因為它抓住了人們心中或多或少的占便宜心理。它可以調節客戶的思想情緒並為之創造出一個主動進行合作的氣氛。

　　另外，若是你能依據實際情況，抓住對方心理，再適時地送出自己的小禮物，那樣的效果會更好。

　　小陳去拜訪一個女客戶，當時她正在廚房忙著洗碗，而她的兒子正坐在客廳的地板上大聲地哭。

　　小陳立刻蹲下來，對小朋友說：「小朋友不哭啊，看叔叔變魔術給你看。」

　　然後，小陳就變魔術般地拿出了兩支棒棒糖，然後他又變出了一個會走路的小鴨子，並趴在地上為孩子演示，孩子破涕為笑了，而這一切，孩子的媽媽都看在眼裡。

　　很快，這位客戶就痛快的和小陳簽訂了合約，她怎麼會拒絕一個願意和她的小孩一起跪在地上玩樂的人呢？

　　雖然這些小小的禮物不值多少錢，和那些一擲千金的飯局，一張價格不菲的門票，只能算是小巫見大巫。但是正是它們的「小」展現了你的細心和愛心，讓客戶接受你，同時也接受你的產品。有人把客戶比作自己的「衣食父母」，是給自己發薪水的人。的確，沒有客戶的支援，何談業績？一旦抓住了客戶，就會使自己的業績產生滾雪球一樣的效應。

　　我們不能把一個客戶看成是一個單一的資源，而應該看成是一個人脈網，因為每個客戶背後都有一張人脈網。

與客戶一起把蛋糕做大

　　過去，一塊蛋糕，我們都想獨占，而不想分給別人一塊。畢竟，在競爭中，好好的一塊蛋糕，誰希望被對手搶走一大塊呢？但是，現如今已經是「有錢大家一起賺」的時代了。

　　精明的商人都已明白，獨享並不能讓你擁有更多，只有打開大門，歡迎三江客，廣納四海財，才能與客戶一起把蛋糕做大。

　　威爾出身寒微，16 歲就輟學自謀生路，但他有很強的進取心，小小年紀就立志要做一個大企業家，而且不露聲色地執行著自己的計畫。20 歲那年，他進入一家非常有名的服裝公司做業務員。在這家著名的時裝公司中，學到了很多東西，一年後，他決定創辦一家服裝公司，開拓自己的事業。

　　但是，威爾的公司在發展的第三個年頭遇到了「瓶頸」，威爾知道問題就出在自己不是專業設計師上，他設計不出別人沒有的新產品，於是他想為自己找一個優秀的設計師來做自己的合夥人。然而，這樣的設計師到哪裡去找呢？

　　有一天，威爾出外，發現一位少婦身上的藍色時裝十分新穎別緻，竟不知不覺地緊跟在她後面。少婦以為他心懷不軌，便轉身大聲罵他耍流氓。威爾連忙解釋，少婦轉怒為笑，並告訴威爾這套衣服是她丈夫聖比亞德設計的。

　　於是，威爾心裡就有了聘請聖比亞德的念頭。經過一番調查後，他發現聖比亞德果然是位很有才能的人，他精於設計，曾在歐洲三家一流服裝公司工作過。他最近剛剛離開一家公司，原因是他提出了一個很好的設計方案，而不懂設計的店家不僅不予嘉許，反而蠻不講理地把他訓了一頓。聖比亞德一氣之下就辭職不做了。聖比亞德的遭遇，使得想找他做合夥人

211

的威爾更有信心了。

　　然而，當威爾登門拜訪時，聖比亞德卻閉門不見，令他十分難堪。但威爾知道，一般有才華的人難免會意氣用事，只有用誠心才能去感化他。所以他並不氣餒，接二連三地走訪聖比亞德的家，幾次三番地要求接見。最後，聖比亞德答應與之合作，但前提條件是自己要公司 15% 的股份。

　　這一要求讓威爾很為難，他怎麼捨得把自己一手創建的公司分給別人呢？但是思考再三，威爾終於還是答應了，因為他知道，單憑自己的力量，公司不會再有更大的發展，只有讓聖比亞德以合夥人的身分加入，才能在共同努力之下壯大公司的未來。於是威爾答應了聖比亞德的要求，聖比亞德成為了威爾的合夥人。

　　聖比亞德沒有讓威爾失望，他不僅設計出很多頗受歡迎的款式，而且是第一個採用人造絲（嫘縈）來做衣料的人，由於造價低，而且搶先別人一步，在服裝界盡占風光。很快就使威爾的服裝公司的業務蒸蒸日上，在不到 10 年的時間裡，就成為服裝行業中的「大哥大」。

　　一個懂得分享的人，生命就像海水一樣，豐沛而且充滿活力，這樣的人身上有一種特殊的吸引力。此外，在這個世界上，有些東西是越分享越多的，更重要的是，你的分享將會使更多人願意與你在一起。

　　合作是最好的生財方式，做生意也應該像做人一樣，什麼事都不能做絕，有錢也不妨大家一起賺。也許從表面上看，把蛋糕分給別人，你就失去了一定的利益，但是，你卻為此而獲得了別人對你的好感，收穫了一個又一個的朋友，這絕對比一個人的時候賺的更多。

　　競爭之中有合作，合作之中有競爭，這是對傳統競爭模式的一個超越，是適應該今形勢發展的必然趨勢。看到一塊蛋糕，不要一個人獨吞，懂得分享，與大家合作，就會把蛋糕做大，那樣你得到的將會更多。

幫客戶賺錢就是幫自己賺錢

客戶與我們是雙贏的關係，我們幫助客戶賺到了錢，同時自己也會賺到錢，既達到了雙贏的目的，同時又得到了客戶感激，相信以後他們會更加願意與我們合作。

任何生意的生存之道，都是經營者與客戶的策略雙贏。促銷客戶的產品，也是幫助自己發展。只有明白了「幫助客戶賺錢，也是幫助自己賺錢」的道理，才能找到有效的行銷之道。

古語說「水能載舟，亦能覆舟。」對於一個企業或者商人來說，自己就是「舟」，客戶就是「水」，要想讓水載舟，首先就是讓客戶記住你，而客戶能夠記住你，最好的辦法就是幫助他，並使他成功。

對於世界 500 強企業之一的奇異電氣（GE 公司）大家都是熟悉的，也許它做大做強有很多的因素，但是其中一個很重要的因素就是 GE 公司幫助客戶成功。

GE 的人員曾在向美國西南航空（Southwest Airlincs）公司推銷噴氣引擎和提供服務的同時，提出了希望全方位為西南航空公司提供幫助。他們希望幫助西南航空公司提升效率，降低成本。

後來，GE 甚至提出派一名專家免費為西南航空公司工作幾個月，解決一個與 GE 所售產品毫無關係的問題。GE 的熱心讓美國西南航空公司覺得奇怪，不知道 GE 葫蘆裡到底要賣什麼藥，於是拒絕了其幫助。

經過 GE 人員的不斷努力，終於說服了西南航空公司的經理們，答應讓他們派專家克雷斯到該公司解決其他公司製造的零零件存在的故障。克雷斯不僅幫助解決了問題，還引入了六標準差（6Sigma）的概念。關於「六標準差」，目前沒有統一的定義。從目前的實踐來看，六標準差管理

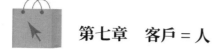

主要有兩種類型：6Sigma 改進和 6Sigma 設計。現今，六標準差已經逐步發展成為以顧客為主體來確定企業策略目標和產品開發設計的尺規，是企業追求持續進步的一種品質管制哲學。正是因為奇異電氣的總裁傑克·威爾許（Jack Welch）在全公司實施了六標準差管理學，並取得了輝煌的成績，才使得這一管理法名聲大振。

西南航空公司終於被 GE 的做法打動了，並對其讚賞有加，同意了 GE 派出數十名人員並提供包括財務分析等在內的服務。

成功的商人明白，自己的客戶越賺錢，自己就會越賺錢。這也正是我們所希望看到的。你對客戶付出，幫助客戶成功，其實就是在幫助自己成功。舉個簡單的例子，如果我們是生產電器的廠商，我們的客戶就是各個銷售我們電器的商場或者專營店，如果他們成功了，就意味著我們的產品銷路很好，我們就能依賴他們的成功取得成功。反之，他們銷售不出去，關門倒閉，那麼我們作為廠商自然也要關門。

所以，我們要想自己賺錢，就要先幫助客戶賺到錢、幫客戶成功，只有他們得到了好處，我們才能相應地得到好處。那麼，我們如何去幫助客戶得到好處、取得成功呢？這就需要我們給他們提供最好最全面的服務。

我們想要在生意場上獲得勝利，必然要依賴客戶的幫助和支援，而客戶為什麼會心甘情願地幫助我們呢？當然是我們能給他帶來利益、帶來成功，他們才會願意回報我們財富，這不僅是合作的基本原則，更是與客戶長期合作下去、實現「共存共榮」目標的基本保證。

可以說，客戶的成功是我們生存的根本。這就要求我們一切從客戶利益出發，一切為客戶著想，一切對客戶負責，一切讓客戶滿意，從客戶最需要的事情做起，從客戶最不滿意的地方改起，與客戶一起共創成功。

第八章 成交結束≠銷售結束

　　業內人士說，真正的銷售始於售後。其含義就是，在成交之後，銷售人員能夠關心客戶，向客戶提供良好的服務，既能夠保住老客戶，又能夠吸引新客戶。你的服務令客戶滿意，客戶就會再次光臨，並且會給你推薦新的客戶。銷售前的奉承，不如銷售後的周到服務，這是創造永久客戶的不二法門。

一切為了顧客

顧客至上」是值得讚賞的宗旨，也是行銷的基本策略。顧客是一切企業組織的生命之源。優秀的企業都非常重視對顧客的服務。

沃爾瑪（Walmart）就強調為顧客提供「超值的服務」。「提供比滿意更滿意的服務」，是沃爾瑪對顧客做出的承諾。沃爾瑪的經營哲學認為顧客永遠第一，商店需要不斷地了解顧客的需要，設身處地為顧客著想，最大程度地為顧客提供方便。

許多年前，薩姆‧沃爾頓就對其員工提出了一個頗為苛刻的要求，即：要向每一位顧客提供比滿意更滿意的服務，一項服務做到讓顧客滿意還不夠，還應努力想方設法加以改進，以期提供比滿意更好的服務。山姆‧沃爾頓（Samuel Moore Walton）認為：讓我們成為顧客最好的朋友，微笑著歡迎光顧本店的所有顧客，提供我們所能給予的幫助，不斷改進服務，這種服務甚至超過了顧客原來的期望。沃爾瑪應該是最好的，它應能提供比任何其他商店更多更好的服務。沃爾瑪公司真的做到了這一點。顧客對公司提供的「超過期望」的服務讚不絕口。

例如：一名叫薩拉的員工奮不顧身，把一名兒童從馬路中央推開，避免了一起交通事故；另一名叫費力斯的員工對在其店中突發心臟病的顧客實行緊急救護，使之轉危為安；而一名叫安迪的員工主動延長工作時間，幫一位母親精心挑選兒子的生日禮物，卻不惜耽誤自己兒子的生日晚會。這些深植於普通日常工作中的優質服務，給沃爾瑪公司帶來大量的回頭客，顧客們總是願意在沃爾瑪公司購物，因為在這裡，他們感到特別親切。

沃爾瑪這樣告誡第一天進店的新員工：「顧客來到商店，是他們給我們付薪資的。這樣無論如何，我們都要好好對待顧客，永遠要盡力幫助顧客，永遠要走到你的顧客身邊，問他們你是否能幫助他們。」在沃爾瑪商

店，你還隨時可以看到這樣的標語：「顧客永遠是對的。顧客如有錯誤，請參見第一條。」這恐怕是對「顧客第一」最好的解釋了，和「顧客是上帝」相比，這句話更讓人易於理解，便於操作。

給顧客讓利，無疑是給顧客最好的回報，也更展現了「一切為了顧客」的宗旨。企業因顧客而存在，因顧客而成長，所以要牢固樹立服務顧客的價值理念，以顧客為本。要站在顧客角度考慮問題，給顧客最滿意的服務！這是一種看似糊塗，實則聰明的一種糊塗理念的表述方式。

堅持顧客至上的理念和行為，就能贏得顧客，贏得市場，贏得行銷競爭力。一個顧客保持忠誠的時間越長，企業從他身上的獲利就越多。

全力打造客戶忠誠度

客戶忠誠是從客戶滿意概念中引申出的概念，是指客戶滿意後而產生的對某種產品品牌或公司的信賴、維護和希望重複購買的一種心理傾向。忠誠行銷是為企業發展忠誠客戶的企劃過程。企業的忠誠客戶越多，公司的收入就越多。然而，另一方面，公司對忠誠客戶的支出也越多，發展忠誠客戶的獲利率也往往高於公司的其他業務活動。

每一個市場都由不同數量的購買者組成。一個品牌忠誠者的市場是一個對品牌的堅定忠誠者在買主中占很高百分比的市場。對銷售人員來說，提升客戶忠誠度就等於保證了售後服務的利潤，擁有客戶多少就是擁有了市占率的大小。不少銷售人員為提升客戶忠誠度，在售後服務的便利性方面下了不少工夫，有的還在客戶比較集中的區域設立了售後服務站。

目前還沒有一個統一標準的定義來描述客戶忠誠度是什麼，以及忠誠的客戶究竟是誰。直接來講，客戶忠誠度可以說是客戶與企業保持關係的緊密程度，以及客戶抗拒競爭對手吸引的程度。

第八章　成交結束 ≠ 銷售結束

　　客戶滿意是客戶對企業或其產品與服務的一種態度，而客戶忠誠則反映客戶的行為。一般來說，忠誠的客戶往往具有這樣一些基本特徵：週期性重複購買、同時使用多個產品和服務、向其他人推薦企業的產品、對於競爭對手的吸引視而不見。例如：牙膏市場和啤酒市場就是具有相當多的品牌忠誠者的市場。在一個品牌忠誠者市場推銷商品的公司，要想獲得更多的市占率就很困難，而要進入這樣一個市場的公司，也得經歷一段艱難時期。

　　高露潔（Colgate）公司在分析、研究它的品牌忠誠者的特徵時，首先發現它的堅定忠誠者多數是中產階級、子女眾多以及注重身體健康的人，這就為高露潔公司準確定位自己的目標市場提供了可靠的依據，有利於確定其產品策略。

　　其次，公司透過研究它的中度的忠誠者，可以確認對自己最有競爭性的那些品牌。如果許多購買高露潔產品的買主，同時也購買佳潔士（Crest）的產品，高露潔則可設法改進它的定位來與佳潔士抗爭，或者採用兩種品牌直接進行比較的廣告進行推廣。

　　最後公司透過考察從自己的品牌轉移出去的顧客，就可以了解到自己在行銷方面的薄弱環節，並且希望能糾正它們。對於多變者，如果他們的人數正在增加，公司可以透過變換銷售方式來吸引他們，然而，要吸引他們是不容易的。

　　可見，對企業而言，提升客戶忠誠度是非常有利的。那麼，如何才能提升客戶的忠誠度呢？

▌識別企業的核心顧客

　　不少企業管理人員認為每一位顧客都是重要的顧客，有些企業管理人

員甚至會花費大量的時間、精力和經費，採取一系列補救性措施，留住使本企業無法盈利的顧客。而在顧客忠誠度較高的企業裡，管理人員會集中精力，為核心顧客提供較高的消費價值。

提出、闡述和廣泛宣傳企業的經營目標

如果企業不能詳細地闡述企業經營目標，培養顧客忠誠度的努力就會化為泡影。在此過程中，企業應清楚了解提升顧客整體利益的目的何在，是為了留住顧客、引導消費，還是招攬顧客？企業應清楚了解需要什麼樣的資訊來幫助發展計畫。

在闡述和宣傳顧客忠誠度的目標管理過程中，如果股東對你的行銷行為感到困惑，如果企業主要負責人無法控制其努力和結果，如果不能按顧客要求做得更好，這就說明在資訊傳遞和獲得人們的理解方面做得不夠。

把主動權交給顧客

這是培養顧客忠誠度的一個主要方面，忽略了它就會遇到不少麻煩。美國一家主要通訊公司對自己的產品進行了重新設計，吸收了當今世界上最先進的技術，但消費者對此反應冷淡。此時，如果管理人員能徵求顧客的意見，他們就會發現顧客的真正需求是加強售後服務，而不是增加產品的性能。發現顧客真正需求的過程就是對產品品質的評估和對顧客基本需求進行判斷的過程，其努力應放在解決基本需求的問題上。滿足了這些需求，企業就會成為顧客採購商品時的首選對象。此時，雖然經營較好的企業不會有特別的競爭優勢，但經營較差的企業就會失去顧客。當然培養顧客忠誠度並不像表面上那樣簡單，它不僅能促使顧客購買某個企業的產品，還會使顧客在供應商和企業發生困難時忠貞不二。

█ 對顧客的需求和價值進行有效的評估

在充分理解顧客需求的基礎上，把需求按其重要性進行先後排序，對影響顧客忠誠度的產品品質、創新、價格和企業形象等因素確定其相對重要性。這一過程可透過電話採訪、信函詢問或面對面交談等方式進行，選擇何種方法取決於顧客的偏好、所提出問題的類型、被調查人數的多少，以及各種調查方式所需的費用。

調查成功與否在很大程度上取決於顧客對所提出問題的態度。

例如：某一大型石油公司的一個部門透過網路民調進行一次調查，要求顧客對不同類型的產品和服務標準，按其重要性分為 10 個級別，級別越高，問題就越重要。問卷後發現每項產品和服務都被列為 9 級或 10 級。相反，另一個部門對顧客進行調查時，要求他們對每一個類型的產品進行比較，並決定哪個更重要，這種方法使得該部門能按顧客要求安排生產和交貨。同時，該公司了解顧客傾向後認為，滿足顧客需求比競爭更重要。

所以要有效地運用顧客滿意程度調查，提升調查的針對性，以及要保持調查內容的一致性等。

此外，企業應努力加強其形象和聲譽。最近，某家資訊服務機構發現它的聲譽因長期缺乏服務而受到了損害，顧客認為與採取以服務價值為中心市場策略的新的競爭者相比，該公司太高傲了。這個負面影響使顧客轉向了其他競爭者。後來該公司重新評估了顧客的需求、員工的素養和服務管道等因素，現在其不利地位已經得到了改善。

█ 有效制訂計畫並付諸實施

這一步驟的目的是把對顧客忠誠度的管理變成經營之道。顧客的呼聲必須成為企業的行銷目標，對此，企業的職能部門要相互合作，那些認為

抓不住顧客就是公司的銷售人員不稱職的說法是片面的。事實上,在公司吸引和保留顧客的過程中,行銷僅僅是其中的一個部門。即使是世界上最優秀的行銷部門,對劣質產品和沒有需求的產品的推銷也無能為力。只有當公司所有的部門和職工互相合作、共同設計和執行一個有競爭力的顧客價值傳遞系統時,行銷部門才能有效地工作。

忠誠顧客不但主動重複購買企業產品和服務,為企業節約了大量的廣告宣傳費用,還將企業推薦給親友,成為了企業的兼職銷售人員,是企業利潤的主要來源。將忠誠計畫與經營理念、品牌美譽度結合,則會有效地增加企業的核心競爭力。

產品的售後服務一定要「做好」

做業務的最高境界是與客戶成為知心朋友,這是行之有效的最好方法。要想讓客戶不忘記我們,我們就時時刻刻要想著他們。常走動,常交流才能增進友情。生意場上要想保持長期的合作關係,沒有感情做基礎的合作隨時都會出現「危機」,留住了客戶的心就留住了客戶的人。與客戶一次、兩次的合作我們可以看成是運氣與緣分,能長久的合作那就是藝術。研究客戶,滿足於客戶的需求及周到的服務才能與客戶達成雙贏的共識,只有這樣我們的行銷目的才能「水到渠成」。這就是先做朋友後做生意的道理。

目前,一些新的市場行銷理論相繼出現,但不管市場行銷理論如何發展,萬變不離其宗,都是為了滿足消費者日益變化的需求。所以,只要企業時時刻刻從消費者的角度思考行銷方式、方法並付諸實施,那就會促使企業快速走近消費者,走向市場。在新產品推廣過程中,企業更應重視售後服務。因為,消費者在嘗試使用一項新產品、新業務時,都有「試試

看」的心理，如果在使用的過程中感覺不方便、售後服務不好，那就會一傳十、十傳百地從負面宣傳這項業務。

在這裡，我們不妨看看某電器公司售後服務。他們在銷售了某一產品後，會從不同側面來了解用戶的消費過程、消費感受。當然，關心售後服務，不光要關心客戶的消費感受，還應不斷地賦予這項業務新的內涵，增加服務專案等。比如利用行動網路提供一些智慧業務，透過內容服務商提供新的服務，利用技術的改進提供 5G 寬頻服務等，讓使用者在使用的過程中不斷享受到新的服務，這就會增加用戶的黏著度，提升消費者的忠誠度。

事實上，消費者評判企業售後服務品質一般是從以下 6 個方面進行考察：

- **人員技術**：即能否第一次就把產品修好或保養好。
- **服務收費**：包括報價單的詳細程度以及員工的解釋情況。
- **服務時效**：包括實際維修時間與承諾時間對比。
- **服務態度**：包括服務的誠懇度，處理維修的方式和程序等。
- **配件供應**：即配件供應的品質及時效。
- **硬體設施**：包括維修檢測設備、泊位和進出設施、休息和娛樂設施等情況。

對售後服務作業，企業可以從下列幾方面進行：

- **無條件服務**：不管怎麼樣，滿足最終使用者的需要，維持與最終使用者的良好關係，是一項永無止境的工作。
  美國的汽車銷售公司恪守的準則是，無論顧客提出什麼要求，回答永遠是「Yes」，他們甚至不介意半夜起來去幫助半路拋錨的汽車司機擺

脫困境。日本豐田公司的汽車造型豪華，一次，因為發現內部制動燈固定裝置有一點小毛病，雖然客戶沒有要求，維修人員還是到每一位車主家中把車開走，等維修好之後再把車還給主人，因而在顧客中建立了良好的信譽。

- **全面服務**：國際商業機器公司（IBM）不僅提供一流的產品，更注重一流的服務。他們之所以能夠在電腦行業保持領先地位，得益於他們較早地了解到服務在行銷中的作用，他們努力做到向顧客提供一整套電腦體系，包括硬體、軟體、安裝、調試、傳授使用方法以及維修技術等一系列附加服務，使得使用者一次購買便可以滿足全部要求。

- **額外好處**：日本資生堂（Shiseido）公司為了打開美國市場，推出了一系列適合美國婦女口味、包裝精良、使用方便、氣味高雅的產品，同時以服務品質取勝。他們不僅待客親切有禮、服務周到，而且還免費提供臉部按摩，甚至於記得打電話祝福顧客生日快樂。美國飲料行業的可口可樂、百事可樂，牙膏行業的高露潔等生產廠商設法推出形式不一的優惠券，結果培養了消費者的「品牌忠誠」。

- **組織措施**：一方面，企業本身要建立起內部的專門機構。例如奇異電氣公司建有「客戶服務中心」，每週召開「客戶快速市場反應」會議，當場制訂出實施方案。另一方面就是建立好銷售網。例如佐丹奴公司總部透過電腦系統隨時可以了解旗下商店、專賣店的營業情況，包括每一櫃檯、每一款式、每一尺碼的成衣銷售和庫存情況；寶鹼（寶僑）公司派出 12 人到美國零售商沃爾瑪公司總部，與之共同設計銷售方案。

- **真誠相待**：商品價格是對買賣雙方來說最敏感的因素，經營正派的商店採取真誠的態度。義大利蒙瑪公司規定新時裝上市以定價賣出，然

後以3天為一輪，每隔一輪削價10%。到了1個月也就是第10輪後，時裝價格已經降到最初價格的35%左右，即成本價，所以往往是一賣即空。

- **重義輕利**：商店不能見利忘義，只管賺錢而做沒良心的事情。而這種注重道義的做法，反過來常常又為公司贏得了極好的信譽和高額的利潤。

- **超值服務**：對顧客提供額外的好處，是商店非價格競爭的拿手好戲，各種各樣的形式令人眼花繚亂。例如退款、送貨上門、免費食品、遊戲等。

只為銷售而做的服務會帶有很大的功利性，如果你只想賺客戶的錢，你肯定賺不到錢。相反，不為銷售而為客戶做的服務，是一種真誠付出的展現，正是這種無私的服務才會打動客戶的心。

「歡迎」客戶的抱怨

顧客對產品或服務的不滿和責難叫做顧客抱怨。顧客的抱怨行為是由對產品或服務的不滿意而引起的，所以抱怨行為是不滿意的具體的行為反應。顧客對服務或產品的抱怨即意味著經營者提供的產品或服務沒達到他的期望，沒滿足他的需求。另一方面，也表示顧客仍舊對經營者具有期待，希望能改善服務水準，其目的就是為了挽回經濟上的損失，恢復自我形象。因而，對待顧客的抱怨，企業一定要慎重處理，在最短的時間內處理好顧客的抱怨，讓顧客由抱怨轉變為滿意。

太多的公司不予理會顧客的抱怨，認定他們的顧客是愛挑剔而難討好的人，滿嘴的「我、我、我」，只顯露出他們的不識貨，這種態度是危險的。顧客的抱怨是企業取得發展的商機，也是售後服務的一個重要方面。例如：在3M公司，大量的新產品的最終的思路都來自於顧客的抱怨，他

們將此利用為一種機會。相反，對怨言處理不當，則會使企業在顧客心目中造成不良的印象。作為銷售人員，一定要正確處理顧客的抱怨。

在處理顧客的抱怨時，首先要重視顧客的抱怨。顧客的抱怨是可以擴散的，顧客的不滿，從某種意義上來說對廠商確是一種災禍。因為產品品質畢竟還存在問題，顧客有意見不向你訴苦也會向別人訴苦。與其讓顧客向別人訴苦，擴大對本公司利益的損失，不如讓他向你訴苦，好讓你做出正確的處理，消除顧客的埋怨，使之成為轉禍為福的機會。

日本三洋電機（Sanyo Electric）公司幾年前曾發生一起轟動全日本的顧客不滿事件。該公司生產的充電電池因品質不佳，受到社會普遍指責，報紙以龐大的篇幅報導為不良產品，使該公司聲譽大受傷害。面對如此嚴峻的局勢，該公司認真吸取教訓，努力改善品質，董事長發動公司和各營業部門人員攜帶優質產品並加禮品，挨家逐戶為顧客替換不良產品，誠懇地向顧客道歉。公司這種勇於承擔責任，關心消費者利益，決心改善產品品質的作風迅速扭轉了原已深入人心的惡劣形象，博得許多顧客的諒解和信賴。

其次，要清楚抱怨產生的原因。這是處理顧客抱怨，實施售後服務人員管理的一般方法。從大多數顧客抱怨的情況看，顧客的不滿絕大多數都是由於銷售員所推銷的產品或提供的服務存在著缺陷，這些缺陷在顧客使用產品的過程中暴露出來了，就引起顧客抱怨。

再次，在處理顧客抱怨前，首先要弄清楚顧客到底在抱怨什麼，然後才能有的放矢地找到解決方法，具體情況具體分析，採用退還現金、退換商品、服務調節等方式。

處理顧客抱怨最重要的一點就是接待人員的態度，要引起銷售人員的高度重視。有一家商場在這一方面做得格外好，他們強調，如果對待一般

顧客「十分熱情」，對退貨顧客就要「十二分熱情」，為此贏得了顧客的喜愛和信賴。

　　處理顧客抱怨的第一件事，就是向顧客道歉。第二件事，就是耐心地傾聽顧客的意見。就服務人員而言，可能會經常聽到顧客相同的抱怨和指責，難免在心裡有種「又來了」的感覺，所以在處理同樣的事情上，就變得隨便而輕率。可是對顧客來說，卻是為了訴苦才前來，並不希望你如此就將他打發了。所以，銷售人員要培養服務人員替顧客著想的態度，為了正確判斷顧客的抱怨，服務人員必須站在顧客的立場上看待對方提出的抱怨。時常站在顧客一方想一想，許多問題就好解決了。另外，顧客在發怒時，他的感情總是容易激動的，而且顧客對服務人員流露出來的不信任或輕率態度特別敏感。

　　一般服務人員之所以不能容忍顧客的不滿，主要是誤認為顧客的不滿是針對他個人而來的，這個觀念是不對的。因為顧客的不滿，並非全由服務人員引起，大多是不滿意公司的產品，當看到推銷該產品的營業員時，難免就會數落幾句，營業員就以為這是衝著他來的，為了維護自我的尊嚴，就會做種種的辯駁或說明。但是，正在氣頭上的顧客，是無法立刻安靜下來聽服務人員解說的。所以服務人員應先向顧客道歉，再仔細傾聽顧客不滿的原因，這是很重要的。至於道歉，不要以為低頭認錯就可以了事，更不可以逃避責任的方式來認錯。

　　處理顧客抱怨須遵循一定的原則。「當場承認自己的錯誤須具有相當的勇氣和品性，給人一個好感勝過一千個理由」。即使客戶因誤解而發生不滿，在開始時也一定要向他道歉，就算自己有理也不可立即反駁，否則只會增加更多的麻煩，這是在應對客戶抱怨時的一個重要原則。另外要善於克制自己，避免感情用事，冷靜地慎選用詞，用緩和的速度來說話，爭

取思考的時間。處理抱怨時切忌拖延，而且處理抱怨的行動也要讓顧客能明顯的察覺到，以平息顧客的憤怒。

處理客戶抱怨有一定的語言技巧，銷售人員如果掌握了這些語言技巧，顧客就會由抱怨而轉為忠誠於企業。向顧客道歉時要有誠意，絕不能口是心非，應該發自內心地關心顧客的焦慮。要把它當做工作中的問題來處理，千萬不要加入私人感受。在必要時，可以把怒氣沖沖的客人帶離座位，讓他獨自調理情緒，或發洩怒氣。相信顧客，即使懷疑顧客某些抱怨的可信度或真實性，也不要流露出猜疑情緒，更不應質問顧客。更正錯誤，不亂找理由、藉口，更不要為錯誤作辯護、找藉口。

銷售人員在處理顧客抱怨時，要先從思想上放對顧客的位置。保持冷靜，不與顧客爭執，不衝動，保持冷靜，心平氣和。要學會善於解決抱怨，並從中發現商機，做別人所未做的事情，從而領先於競爭者。

銷售 = 信譽 + 智慧

銷售員的一舉一動、一言一行更能表明自己是否值得信賴。有時，哪怕是一件極不起眼的小事，也可能使你信譽倍增。

有這樣一位銷售員，他每次登門推銷時總是隨身帶著鬧鐘，當會談一開始，他便說：「我打擾您 10 分鐘。」然後就將鬧鐘定時到 10 分鐘後的時間。時間一到，鬧鐘便自動發出聲響，這時他便起身告辭：「對不起，10 分鐘時間到了，我該告辭了。」如果雙方商談順利，對方會建議繼續談下去，他便說：「那好，我再打擾您 10 分鐘。」於是，他又將鬧鐘定時了 10 分鐘。

大部分顧客第一次聽到鬧鐘的聲音很是驚訝。他便和氣地解釋：「對不起，是鬧鐘，我說好只打擾您 10 分鐘，現在時間到了。」

第八章　成交結束≠銷售結束

　　銷售人員最重要的就是贏得顧客信賴，然而，不管採用何種方法達此目的，都離不開從一些微不足道的小事做起。威廉‧莎士比亞（William Shakespeare）說：「最偉大的愛情用不著說一個愛字。」愛得死去活來的熱戀者，往往會以悲劇收場。套用莎翁的話，最偉大的銷售員也用不著說：「我是非常守信用的。」銷售員的一舉一動、一言一行更能表明自己是否值得信賴。有時，哪怕是一件極不起眼的小事，也可能使你信譽倍增。

　　有一家公司的老闆規定：銷售人員必須每天在固定時間打電話報告工作情況。對此規定，有些人很不以為然，他們覺得受到了限制。然而，銷售員中有一個人曾在部隊當過幾年兵，「服從命令」成了他的一貫作風。有一次，在規定向公司主管彙報的時間裡，他正好在與客戶商談，而且談判正處於關鍵時候，他實在無法抽空去找個公用電話，而且他也知道附近沒有公用電話亭（當時手機尚未普及），於是他很有禮貌地對客戶說：「我可以借用一下電話嗎？公司規定我在這時間彙報工作。」

　　第二天，他到公司上班，同事告訴他那個客戶已打來電話，說從未見過像他這樣遵守公司規定的銷售員，說他是位很難得的年輕人，還說決定和他成交。

　　這位銷售員聽後驚奇萬分，因為當時他只是個初出茅廬的新手，口才也欠佳，只知道主管有什麼規定就應該遵守，沒想到會因此得福。

　　其實，這原本就是意料之中的事，因為他服從命令的舉動贏得了客戶對他的信任。在對方的心目中，他成了一個可靠的人，成了一個可以信賴的人。當然也有不少人在時間上不守信譽，結果生意破局了。

　　A君要推銷超級市場裡擺的那種冷凍櫥窗，有家商店要改進設施，想買這種櫥窗。A君便與店家約好時間面談。不料一見面，店家就氣急敗壞地說：「你這人真不守約，說好要來卻不來，差點耽誤我開店，我已向別

家公司訂貨了。」

　　這是怎麼回事呢？原來在電話裡約定時間時，A君把「1號」聽成了「7號」！

　　不管是電話裡約會，還是當面約會，一定要把約定的時間弄清楚。按約定時間赴約時，要遵守一個原則，就是提前幾分鐘到，寧可讓自己等人也不能讓對方等你。提前的意義，不僅是使自己心裡有充分準備，不至於見面時慌慌張張，而且中途一旦出現了意外事故，也可有充裕的時間。遲到的歉疚會使你與對方一見面就屈居劣勢，因此，無論如何不要遲到。

　　當然，有些情況下遲到也可獲得對方的好感，但關鍵是你要做好。比如：有位銷售人員偶爾會耍點小花招，就是故意遲到幾分鐘。先打電話給對方：「實在對不起，我因公司業務太忙，恐怕要遲到5分鐘，請原諒。」於是正好遲了5分鐘到達，一分也不差。對方信以為真，「真是個守信的人，連遲到5分鐘都要打電話……」因而加深了良好的印象，為下一步開展銷售工作鋪開了道路。

　　守時，對一位銷售員來說是最基本的要求。贏得顧客的信任要從微不足道的小事做起。

贏得永久客戶並不難

　　為了贏得顧客，在商場中，你不斷打價格戰，提升產品的品質，可是顧客依然會跑向競爭對手的懷抱。於是，你使出渾身解數也不能安撫失望的顧客，只能眼睜睜地看著口碑受損，利潤下降。這是為什麼？因為你不知道贏得客戶的心理策略。

　　你的形象、言語、態度直接影響著消費者的購買和對品牌的印象。然而，光有形象還不能獲得消費者的喜歡和信賴，因為在商品經濟的今天，

要讓顧客選擇你、喜歡你、忠誠於你，除了形象，還要靠智慧，用心計。

不管今天在市面上有多少種叫不出名字的產品或服務，人們之所以願意拿辛苦賺來的錢去換取，是基於下面兩個理由：一是愉快的感覺；二是問題的解決。把心思放在顧客所需要和想要的東西上，幫助他們做最好的選擇，讓他們心滿意足地離去。這個道理適用於每個人，無論是否從事銷售的工作，應該讓「幫助顧客」成為你工作中的首要準則，日日信守不渝。

以下關鍵時刻的應對策略，有助於你將一般人化為顧客，把顧客化為事業上終身的夥伴。

▎永遠把自己放在顧客的位置上

你希望如何被對待？上次你自己遇到的問題是如何得到滿意解決的？把自己擺在顧客的位置上，你會找到解決此類投訴問題的最佳方法。

▎多說「我們」少說「我」

銷售人員在說「我們」時會給對方一種心理的暗示：銷售人員和客戶是在一起的，是站在客戶的角度想問題，雖然它只比「我」多了一個字，但卻多了幾分親近。

▎每日工作之前檢查一番

顧客對你的第一個印象，大部分取決於你的服裝儀容、言談舉止以及其他五官所能感覺到的一切。因此，你要把每天工作之前必須檢查的專案列表，逐一核對，務必給顧客一個好印象。

首先從自身開始檢查。是否睡眼迷濛？是否衣著整潔？有無口臭或汗臭？個人名片及資料是否乾淨無損？辦公桌是否清潔有序？你和辦公室其他同仁是否在外觀和內在都做好了給顧客一流服務的印象？另外你還得

從顧客的角度，對有關的一切做一番審視。如果你能做好上述事宜，就無異於讓自己掌握住關鍵時刻的每一個可能的機會，使你和顧客彼此獲益。

▎不要放棄任何一個不滿意的顧客

一個優秀的銷售人員非常明白：顧客的主意總是變來變去的，問他的喜好，把所有的產品介紹給他都是白費力，剛剛和他取得一致意見，他馬上就變了主意要買另一種產品。向客戶提供服務也是一樣的：有時五分鐘的談話就足以使一個滿腹牢騷，並威脅要到你的競爭對手那裡去的客戶平靜下來，並和你簽訂一份新合約。

▎問話要切題

如果你不知道顧客的需求和問題，就對他無能為力，最簡單的方法便是和他交談。先從使顧客不覺得有壓力但有關的話題開始談起，盡量鼓勵他多說多講。當他說到你有興趣的話題，要頷首同意，不僅表示自己專注地在聽，同時也可鼓勵對方談得更起勁。如果你不得不問起像「你打算花費多少錢來買呢」的敏感話，一定要和對方說明，你的用意是想知道自己能否幫得上忙。

以下是一些合適的開頭話：

- 您希望用它做什麼？
- 您對敝公司產品和服務有多少了解呢？
- 您希望我跟您如何配合？
- 您希望何時取得？
- 我們怎麼做才能令您最滿意？
- 不管你問什麼問題，一定要由衷表現出關切、誠懇、相助之情。

▌聽話要真切

在和顧客洽談時，我們經常因太留意自己說的話，因而忽略了對方話裡的含意，因此而平白失去了許多寶貴的資訊。一位優秀的聽眾，他不是光坐在位子上聽對方滔滔不絕，而是能秉卻一切雜念，全神貫注地聽，找出對方的話中話。永遠不要低估傾聽顧客說話的價值，你務必學會其中的技巧。

▌給予、給予、再給予

在與客戶交流中，經常有顧客會問送什麼，怎麼送。顧客的問答反映了客戶自身的需要和偏好。可見，一個好的開端是以為顧客提供給予開始的。應該時刻在想，能給予顧客什麼？給予是一種服務、是一種說明，給予顧客他所關心的事物的說明。所以，作為一個成功的銷售人員，請牢記永遠不要向顧客索取什麼，哪怕是一種回答。永遠記住：給予，給予，再給予！而不是索取！

▌感謝，感謝，再感謝

要知道，對顧客說再多的感謝也不過度。但遺憾的是「謝謝」、「榮幸之至」或「請」這類的字眼在貿易中已越來越少用了，請盡可能經常地使用這些詞，並把「謝謝」作為你與顧客交往中最常用的詞。請真誠地說出它，因為正是顧客，你、我和其他人才有了今天的這份工作。

留住客戶，歸根結柢是要把客戶看成是自己的親人、兄弟姐妹去關心，100%重視客戶的意見和問題。

第九章　業績才是真理

　　人們常說，重在參與，過程是美好的，結果無關緊要。但是對於銷售人員來說，結果決定一切，結果勝過一切。收款，是企業發展的生命線。然而，很多人將銷貨與收款切割開來，從而讓企業陷入「銷售難，收款更難」的尷尬境地。其實，銷售只是一個過程，收款才是真正的結果。

看清場合，掌握好催款時機

人們都認為欠債還錢是理所當然、天經地義之事，倘若欠債的人久拖不還，甚至存心賴帳，那麼催款人登門催款也就是合情合理之舉。這種觀念完全正確，不過，人們由此而傳統地認為催款的場合或者說催款的地點只有一個 —— 欠款人的「門」內，即欠款人所在地卻稍顯片面。其實，不論從理論上講，還是在人們的催款經驗當中，催款的場合都不僅僅只是欠款人所在的一個地方。催款人既可以走出去登門催款，也可以請進來有禮節地催債，而一個具有扎實知識和豐富經驗、有良好的心態和較強公關能力的催款人員，還可以在各種場合從容不迫地實現自己的願望，達到自己的目的，完成自己的催款任務。

王芳畢業後找了一個做銷售的職位。當時面試官問她為什麼應聘的時候，她說：「只因為我喜歡。」就這樣，她開始了自己的銷售生涯。

試用期結束後的第二天，銷售經理找到王芳：「你願意去催收一個已經拖欠了五年的欠款嗎？」要知道，銷售經理交給她的可是一個非常棘手的難題，對很多老業務員來說，這都是一個難以完成的任務。可沒想到，王芳二話沒說便接受了。

當時，很多人都說她腦子有病。可是她一點也不在乎別人的冷言冷語，依然照常工作，每天還時常到網路去逛逛，好像完全沒有把這件事放在心上。每當銷售經理問她辦得如何的時候，她總是一句話：「快了，等著好消息吧。」

就這樣，一個多月過去了。就在大家將這件事漸漸忘記的時候，王芳卻將那個客戶的欠款全額地拿了回來，放在了銷售經理的桌子上。當時，銷售經理的眼睛瞪得大大的。其實，銷售經理也沒有指望她能夠拿回那筆

款，只是一時不知道她適合哪個職位，臨時便給她找了這個差事而已。

百思不得其解的經理將王芳叫進了辦公室。問道：「王芳，你能告訴我是如何要回欠款的嗎？」王芳看著經理的眼睛，笑著說：「好吧，那我就講給你聽。」

經過王芳的講述，銷售經理終於清楚了整件事的經過。原來，王芳得知這個客戶是一個出了名的「拖欠大王」之後，便細心地收集他的資料。經過幾天的辛苦，總算是收集了大量的資料。經過研究發現，原來這個客戶有一個非常特殊之處：每週都要參加一個派對，而且在這個派對上還有很多有頭有臉的人物。她覺得這是個機會，便也「混」了進去。並施展自己的社交手段，贏得了很多人的賞識。正是透過這些人的幫助，王芳才得以順利地收回欠款。

眾人在得知王芳有些傳奇性的催款過程之後，甚至比聽到她收回那筆欠款更是驚訝和敬佩。

從上面的案例中可以看到，有效地利用場合，對收款的催收有著多麼重要的作用！一些特殊或者關鍵場合對於成功催收收款的重要性，由此可見一斑。

那麼，銷售人員都可以借助哪些關鍵場合去催款呢？在這些場合中，銷售人員又應該採取什麼樣的對策去催收呢？

一般來說，對銷售人員催款比較有利的場合包括：約請對方催收、聚會上催收和喜慶場合催收等。在催款時，銷售人員根據不同的場合採用不同的對待方式，將可以獲得意想不到的效果，進而實現輕鬆收款的目標。

需要注意的是，由於場合不同，巧施催款的手段和方式也應該有所區別。所以，在催款之前，銷售人員就應清楚地知道各種場合催款的技巧和利弊。只有這樣，銷售人員才能及時發現機會並「對症下藥」，施展手段

「迫使」客戶就範。不然，輕則把自己弄得灰頭土臉，自取其辱；重則惹惱對方，致使催款目標泡湯。

▌約請對方催收

所謂請進來的策略，就是催款人在自己的大本營向債務人實施催款行為。它非常適用於這種拖欠欠款的情形 —— 欠款人不能按合約約定的期限還債，他們一般不會害怕與催款人見面，不會躲避催款人，甚至有的還會主動拜會催款人，向催款人說明情況，爭取得到催款人的理解和同情，爭取得到催款人同意，緩期履行債務的允諾。

▌不期而遇催收

為了躲避債務糾纏，許多欠款人經常在外「出差」，致使催款人很難找到他。遇到這種情況，催款人並非束手無策、無所作為。只要催款人知難而上，善於創造並及時抓住機會，總會達到催款目的。所謂「機會」，就是怎樣尋找欠款人，又怎樣在不期而遇的場合纏住對方催要欠款。

不期而遇的場合很多，比如在火車、輪船、飛機等交通工具上，或者在一些大眾場所、社交場合。這時，催款人切忌感情衝動而引出一些偏激言辭和過火行為。首先是要沉著、穩重、冷靜，對欠款人應該像久別的朋友意外相遇那樣熱情、有禮貌。等欠款人在你的感染之下擺脫窘境後，再有禮有節、綿裡藏針地向欠款人講明自己對債務清償的要求。欠款人假如對催款人不斷哀求，或者動之以情、欺哄瞞騙，催款人務必記住一點：欠款人不答應立即履行債務，你就一直和他糾纏下去，直到他答應立即履行債務為止。

各種聚會上催收

在現代社會中，每一個社會成員都處在上下左右、縱橫交錯的關係網中。催款人或者欠款人也不例外。特別是在商業活動基礎上建立起來的複雜而廣泛的社會關係，必然要求人們以各種各樣的社交、聚會來加以維持。如果催款人在其他場合找不到欠款人，或者見到了但沒有機會實施催款行為，那麼催款人就可以利用各種聚會、社交場合向欠款人實施催款行為。

喜慶場合催收

在經濟生活中，一旦債權債務關係產生，那麼催款人就要密切注意欠款人的重大行動。只有這樣，催款人才能抓住時機實施催款的行為。特別是當欠款人遇到重大喜事時，催款人在這種喜慶場合抓住時機索要欠款往往會產生特殊的效果。

比如當欠款人舉行隆重的慶典（如公司週年慶、新產品上線、銷售業績慶祝）時，催款人前去賀喜，可以掌握住適當的時機巧妙地向欠款人提醒或催款。欠款人心情高興之時常常都會有「慷慨之舉」。但是需要指出的是，催款人不要懷有敵意或抱著搗亂的態度出席欠款人的喜慶活動，因為這很容易引起欠款人強烈的不滿和對抗情緒，使彼此之間的關係僵化甚至惡化，那麼債務合約就會更加難以履行。

無論在哪種場合下催款，關鍵問題是催款人要把握好時機，根據不同的情況決定催款的場合，同時在具體的場合又能善於製造機會，抓住時機實施催款行為。只有這樣，才能成功實現催款目標。

說好催款開場白

「上兵伐謀，其次伐交，其次伐兵，其下攻城，攻城之法，為不得已。」商業催收便是不戰而屈人之兵的上兵之策。當然，不戰而屈人之兵，不戰也是戰。因為雖然沒有硝煙，沒有法庭上的唇槍舌劍，但隱藏在背後的，卻是更加殘酷、更加微妙、更加驚心動魄的心理戰。這時，爭戰雙方比拚的是智慧、謀略和心理強度。

如果你希望催款次次奏效，就一定要特別注意自己的說話方式，因為催款成功與否，有時雙方的對話交流方式也是相當重要的。尤其是開口之初，話說得好，口齒留香，成功的可能性就大許多。

催款開場白的第一個要訣：不能用「說教式、指責式、權威式」的話來要債，應多製造給對方表達、陳述和說明的機會。

有經驗的催款高手常說：口為禍福關，帳成敗常在於一張口的開與閉。他們甚至還總結出：「嘴角上揚的人，一生多福氣。」但是，注意，這裡所指的嘴角上揚是特指 —— 微笑。也就是說，你要面帶微笑去講話。為了能催款成功，勸各位要多練微笑。

有位國際級的催款專家說：「催款時最初的幾句話都要帶著微笑去說。」他說：「我的方法就是這樣。用微笑可以避免所有 —— 或至少90%問題的發生。」也許這有些不太可信，可是事實確是如此。不容置疑，所有催款成功的人都明白：解決問題的最好方法，就是一開始時就防患於未然，避免它們發生。而真心的微笑，是最棒、最神奇的見面禮。

那麼，如何為自己創造出微笑的表情呢？

以下五個方法十分管用，不妨一試。

- 即使沒心情笑，可試想一下對方，一旦能付款結帳，就高興一下。
- 用整個臉來笑。
- 將你的負面想法棄之腦後。
- 訓練你的機智和幽默感。
- 把解決問題的積極想法和別人分享。

雖然這五項方法很簡單，但一定要多加練習，才能做到熟能生巧。

催款開場白的第二個要訣：千萬不要貶損對方，抬高自己。當談到清理債務的方法時，避免使用「我是催款人，你是欠款人」、「依法依理你都應該馬上結帳」等太直接、太傷人、太強勢、太惡霸的語氣。當然，同時也要避免「義正詞嚴」、「得理不饒人」大聲說話的表達方法。

催收開場白的第三個要訣：講究說話的基本禮貌。畢竟，得體且受人歡迎的話，可以避免不必要的爭吵，特別有助於債權債務問題的即時解決，並確保雙方良好的人際關係。

以下十點，是催收成功必備的禮貌用語：

- **尊稱**：客氣尊稱對方「先生」、「小姐」。
- **問候語**：簡短的問候語，建立良好的印象。
- **表明身分**：在 5 秒內做公司和自我介紹。如果是受委任催收，並告知受誰委任和受委任的意旨，然後自我介紹。
- **語氣**：語氣上要保持客套、婉轉和緩和中立。
- **用語**：多說「請」、「麻煩您」、「對不起」、「謝謝」等禮貌用語。
- **專業**：一切全在開始的幾句話，說話要客氣，並專業。
- **用詞**：用詞要簡潔明瞭，讓人一聽就懂。切記：要明確，不要模稜兩可，如果你模稜兩可，說明了你對自己和工作缺乏自信。

- **心平氣和**：千萬不要被對方激怒，絕對避免用責難性或辱罵性的語氣催收：

- 保持冷靜。碰到欠款人用不理性的言語刺激，一定要控制好自己的情緒，不要生氣，要冷靜以對，拉回主題。

- **態度堅決**：儘管禮貌在先，但一定要做到讓對方知道你收帳的決心。

催款開場白的第四個要訣：審慎掌握用語，緩和顧客的情緒。

催款前首先要了解一下一旦顧客不滿意時，他們會說什麼？做什麼？想要什麼？

一般而言，如果你的產品或服務不好，他們會不平則鳴，隨之就會拒絕付清帳款，他們想要的只是討回公道，或許只想聽一句道歉的話。所以，我們知道實情後，做得更多，遠超過顧客的預期，他們基於「相互回報」法則便會結清舊帳，繼續光顧，並且替企業建立口碑。

另外，在對話當中，欠款人認為尚未付款，不是他的過錯，完全是我方的錯誤或過失所造成的，譬如說：

- 沒收到對帳單。
- 發票有問題。
- 對產品或服務有意見。
- 要有「送貨證明」才行。
- 要有「驗收證明」才行。
- 要發票正本，傳真、影本不接受。

所以如果是客戶認為催款一方有錯時，不論是公司行政上的錯誤還是行事上的疏失，催款人員都必須向對方致歉，此時也要注意下列幾件事：

- **「對不起」一詞要慎重使用**：不要隨意說出「對不起！」這個致歉詞是大家最常用到的，用多了，久而久之，它所含的誠意就會減損。所以，你要盡量改用其他致歉用語。

- **向對方說：「我向你道歉！」**：但在說此話時一定要避免說「謹代表某某，我向你道歉」這種話，讓人覺得你是個替罪羔羊，少了些說服力。如果你真心向對方道歉，你只能代表你自己。其實，對方關切的不是你的道歉，最重要的是你解決問題的「方法」、「能力」、「態度」。但這不應該是第一步。先說謝謝的效果遠比道歉強大。「謝謝！很感激你全盤告訴我。」接著便說：「我可不可以向你說聲對不起？真的很抱歉發生這樣的事情。」

- **向對方說：「啊！這確實是太糟糕了。」**：記得：要用十足的同情心和富有情感的口吻說出來。這句神奇無比的口訣不但能停止對方的抱怨，還可以讓對方立刻明白：你是站在他們同一陣線的。對方原本期望你會開啟戰端，但是當你說：「啊！這確實是太糟糕了。」戰爭結束了。請試試看，成效一定會出乎你意料之外的。

- **向對方說：「你希望我們怎樣做？」**：從頭聽到尾。確定客戶把事情經過全部說清楚了，不要打岔。你可以問問題，有助你對事情的了解，找出幫助他們的方法，你可以問他：「你希望我們怎樣做呢？」

- **千萬不要說：「這不是我分內的工作。」**：不要怪罪他人或找替死鬼，承認你（或你們公司）有錯，並且願意負起責任來改正。「我以為他說……」「他現在人不在」，以及「這件事是別人負責的」等等推託用語是客戶最不願意聽到的。

- **向對方說：「謝謝你！」**：這是正面補償最好的開場白。「謝謝你告訴我這件事」、「謝謝你有這麼大的勇氣來面對這件事」、「謝謝你

讓我注意到這件事」── 這些話都足以讓欠款人吃驚，說完還要加上得體的道歉和適當的解說。

要讓催收產生最高的效益，你一定要正確對待客戶的抱怨。最基本的態度就是：百分百負責任 ── 哪怕錯不在你，你也是該負責的人。

不卑不亢把款催

為了對付那些欠債不還的人，也為了勝利討回欠債，催款人無不想盡辦法，挖空心思，多方用力。即使是這樣也不一定能討回分文。儘管如此，我們在前去催款之時，也一定要注意一個氣勢問題。最好能有兩個人一起軟硬兼施，雙管齊下，其效果要比單槍匹馬的好得多。此策需要兩個人或兩組人來相互搭配。其中一人（或一組）扮演鷹派的強硬角色，另外一個人（或一組）就扮演溫和的鴿派，鴿派在談判某一階段的結尾扮演居中協調的和事佬角色。

如何演好雙簧戲？

經過兩次以上的催討，難纏「欠款人」仍無絲毫清帳的誠意和舉動時，就是展開「唱雙簧」的最佳時刻了。

鷹派說：「你拖欠很久了，今天再不還錢，別怪我不客氣，如果你不清債，我也不會讓你過輕鬆的日子。」

欠款人可能會說：「不要生氣嘛！下個星期一定還給你，絕不食言，好嗎？」

鷹派說：「你這話說了很多次了，我們還能相信你嗎？你今天不立馬還錢，我就賴在這裡，干擾你所有的生意。不馬上還錢，絕不走人！」

欠款人說：「老兄，請再相信我一次，下星期我保證全數還你，我向天發誓。」

　　鷹派說：「你再堅持不還，出門之後我要把你的欠債惡行告訴你所有的供應商，讓你在商場上不再有立足之地。」

　　總之，鷹派毫不客氣地提出馬上還款的要求，並且態度堅決，寸土不讓，必要時，發一點脾氣，適時適地表現出一點死纏爛打的情緒行為。此時，在旁擔任鴿派角色的催收人員自始就保持沉默，冷眼旁觀，注意欠款人的反應，適時介入。

　　等到氣氛弄到雙方僵持不下，緊張對峙時，鴿派馬上跳進來緩衝，一方面勸阻自己的夥伴，不要再苦苦相逼，另一方面以「和事佬」的角色，平靜且明確地指出化解之道。

　　鴿派說：「唉！大家都不要再爭吵了。欠錢還錢本是天經地義，欠錢不還當然不對，但是，要錢發脾氣也不是好方法。大家都退讓一步，找個折中方法把帳還清了，好嗎？」

　　欠款人說：「好啦！好啦！你們看，該怎麼辦？」

　　鷹派說：「只要公平合理，我一定接受。」

　　鴿派說：「我看這樣好啦！先還一半現金，另一半開十天後的支票支付，我們就損失一些利息吧！」

　　欠款人說：「聽起來還蠻合理，我接受！就這麼處理好了！」

　　鷹派說：「好！我也願接受！」

　　最後要提醒的是，在處理過程中，擔任鷹派的人，出場時要先「奪氣」，要先讓對方的氣散掉。對方氣散了，就撐不住了，當然也就沒有銳氣可以應戰了。

　　其次，要「扣理」，鷹派在堅持立刻清欠，態度蠻橫時應緊扣「拖欠無理」的商場道理，使對方無言以對。

　　此外，扮演鴿派的人，要和鷹派「同仇敵愾」，並順勢而為，最重要

的還是在於擁有良好的默契。由於客戶不同，狀況有別，「雙簧法」的運用，也各有差異。但最關鍵的是，鴿派要懂得順勢用勢製造機會和調解氣氛，塑造自己成為一位懂得處處為顧客著想，推心置腹的人。

要一勞永逸地從根本上解決債權債務問題，終究還是得放手一搏，冒一下出絕招、奇招的險，攤一次牌才行，因為，只有示一下威，擺一下譜，才能讓對方深刻明白和體會到我們堅持馬上收回的立場、堅持的程度。

六種催款語法快速「搞定」欠款人

以快取勝，兵貴神速，打仗如此，追欠款亦是如此。動作快，可以及時快捷地追回債務，為當事人把損失減少到最小；動作緩，就可能一步跟不上，步步跟不上，造成被動局面。打仗貽誤戰機要失敗，追款貽誤時機則同樣會後悔莫及。機不可失，時不再來。對「催款」來說，時間就是金錢，時間也是機遇，時間還可以是證據，時間裡面出效益。

那麼如何在最短的時間裡，用最有效的語言，達到最理想催款的目的呢？

一般來說，可以使用下列六種催款語法：

▍面子語法

大多數人都會重視自己的面子，假如能夠巧妙地刺激他，將有助於提升他的付款意願。想成功運用此法其實簡單，就是不斷地暗示顧客，拖延付款心理是人之常情，但對方若能擺脫這種不良作風，對其在同業中的地位、聲譽的提升將有莫大的幫助。此語法可用在注重權勢、地位、聲譽的顧客身上。

比如說：「您看！您出門坐的是高貴的賓士轎車，住的又是豪宅，這區區的數萬元貨款，乾脆早一點付了吧！免得耽擱您寶貴的時間！」

或者說：「以你的經營規模，社會聲望及財務能力，付這一點小錢還有什麼問題，況且，同業都說你的資金調度能力是數一數二的，所以，麻煩您……」

比較語法

在收款時和負債人談一些其他同業快速付款的情況，往往可以藉此刺激客戶的模仿心理，提升他欣然付款的意願。

比如說：「某人的情況也沒有比你好，他們都已經結清了，那你現在付款，也應該是沒有問題的，請你看看，這是客戶剛結清帳款所支付的支票。」

或者說：「我今天運氣真好，貴公司這條街的客戶全部都已付款，現在，只剩下您了。」

公平語法

這個方法是要求欠債人給予公平、公正的對待，而促其如約付款。也就是說，業務人員要對顧客「說之以理」，讓他明白買東西付錢原本是顧客應盡的義務，一再的拖拉虧欠，只會徒增雙方的困擾，對彼此都沒有好處。

比如說：「總經理，你是個有見識的人，賣貨收款是理所當然的，請問，你把貨交給客戶後，不也是派人按時去收款嗎？況且，我們收款也是公公正正的，既沒有提前收款，又沒有做無理的收款要求，所以，麻煩你……」

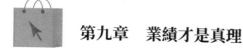

第九章　業績才是真理

▌同情語法

你可以用精湛的「哭調」功夫配以請求幫忙的語氣來喚起客戶的同情心。惻隱之心，人皆有之，同情別人，是人們證實自己存在價值的一種方式。同情對方或爭取對方同情自己，是使人們由陌生變為親密的一個重要因素。只是程度上有些不同而已。所以，一定要讓顧客察覺，身為業務人員，夾在公司、顧客之間，做得好，雙方皆大歡喜，做得不好，則可能兩面不是人，說不定連飯碗都砸了。

比如說：「千拜託，萬拜託你了！我就只剩下你這家還沒有付款，你不結清，我就交不了差，我就要被開除了。請你大發慈悲，行行好，幫忙結清這筆款項吧！」

▌施壓語法

當碰到存心賴帳的客戶，運用了許多軟性的方法訴求，客戶仍不為所動時，我們就向他暗示，我們有可能會採取法律追訴的行動來追討帳款，藉此引起客戶的恐懼，刺激他趕快結清舊欠。

比如說：「你再這樣硬拖下去的話，我看只好把這件事移轉給我們公司的法務部門，循法律途後來解決了！其實我並不喜歡把情況弄得這麼糟，實在很遺憾！」

▌利誘語法

業務人員對顧客使出「以利導之」的策略，換句話說，就是應用折扣戰術加以誘導，例如：購物後十天內付款，給予2%的折扣。效果非常不錯，值得你多加利用。

比如說：「今天你當場結清貨款，你可以得到3%的現金折讓，這可比你把錢放在銀行裡還划算，而且，今後我們公司給你的信用額度也會提升

很多的,真是好處多多。所以,麻煩你……」

　　以上六類催款語法是業務代表在實施收款時,根據各種不同欠債客戶嬉笑怒罵、變幻萬千的生意嘴臉背後的欠債心理,而總結出的催款基本用語。

　　通常情況下,欠款人都是這麼想,能拖就拖、能賴就賴,最好是能免則免,加上每一個人的心態錯綜複雜、變化不定,所以,每一個客戶所表現出來的行為,也是五花八門、無奇不有。此時,作為催款一方就要仔細分辨,靈活運用以上六法了。

　　語言是成功催款的關鍵因素。口才好的人,說出話來準確得體,巧妙恰當,讓人聽後如沐春風,而他們往往也可以很順利地達到自己的催款目的。

不同的客戶用不同的心理戰術

　　為了能夠更加順利地向客戶催款,我們可以將客戶分成以下幾種類型。銷售人員掌握了客戶的這幾種類型,便可以提前制訂適當的催款方案,以實現順利催款的目的。

▌合作型客戶

　　整體來說,對這類欠款人的策略可以用 4 個字來概括,即互惠互利。這是由合作型欠款人本身的特點所決定的。他們最突出的特點是合作意識強,與他們交易能給雙方帶來皆大歡喜的滿足。

- **假設條件**:假設條件策略就是清債過程中向欠款人提出一些條件,以探知對方的態度。之所以為假設條件,就是因為這僅僅是想要弄清對方的意向,條件最終可能成立,但在沒有弄清對方的意向之前,它僅

僅是一種協商的手段。假設條件策略比較靈活，使用得當可以使索款在輕鬆的氣氛中進行，有利於雙方在互利互惠的基礎上達成還款協定。銷售人員可以說：「假如我方再供貨一部分，你們前面的款還多少？」「每月還款 50 萬，再送 2 噸棉紗怎樣？」

需要指出的是，假設條件的提出要分清階段，不能沒聽清欠款人的意見就過早假設，這會使欠款人在沒有商量之前就氣餒。或使其有機可乘。因此，假設條件的提出應建立在了解了欠款人的打算和意見的基礎之上。

- **私下接觸**：即債權企業的清債人員或銷售人員有意識地利用閒置時間，主動與欠款人一起聊天、娛樂的行為，其目的是增進了解、聯絡感情、建立友誼，從側面促進清債的順利進行。

▎虛榮型客戶

愛慕虛榮的人的特點是顯而易見的，他們的自我意識比較強，喜歡表現自己，並且對別人的評價非常敏感。面對這種性格的欠款人，一方面要滿足其虛榮心，另一方面要善於利用其特點作為跳板。

- **選擇合適的話題**：一般而言，與這類欠款人交談的話題應該選擇他熟悉的事或物，這樣效果較好，一方面可以為對方提供自我表現的機會，另一方面還可能了解對手的愛好和有關資料，但要注意到虛榮型欠款人的種種表現可能有虛假性，切勿上當。
- **顧全對方面子**：愛慕虛榮的人當然非常在意自己的面子，否則也不會是愛慕虛榮的人了。催款人應該顧全對方的面子。索款可事先從側面提出，在人多或公共場合盡可能不提，這樣可以滿足其虛榮心。激烈的人身攻擊多半會令這種人惱羞成怒，所以應該盡量避免。要多替對

方著想，顧全他的面子，並且讓對方知道你從某某方面維護了他的名譽。當然，如果欠款人躲債、賴債，則可利用其要面子的特點，與其針鋒相對而不顧情面。

- **有效制約**：虛榮型人最大的缺點就是浮誇。因此催款人應有戒心，不要被對方的誇誇其談唬住。為了免受浮誇之害，在清債談話中，清欠者應該對虛榮型欠款人的承諾做記錄，最好要求他本人以企業的名義用書面形式表示。對達成的還款協定等意向應及時立字為據，要特別明確違約條款，預防他以種種藉口否認。

▌強硬型客戶

從其性格特點來說，這種人往往態度傲慢、蠻橫無理。面對這種欠款人，寄望於對方的恩賜是枉費心機，要想取得較好的清債效果，需以策略為嚮導。總體指導思想是，避其鋒芒，設法改變其認知以達到盡量保護自己利益的目的。

具體策略則有以下幾種：

- **沉默**：這種應對策略講究對欠款人心理及情緒的掌握。它對態度強硬的欠款人是一種有力的清債手段。上乘的沉默策略會使對方受到心理打擊，造成心理恐慌，不知所措，甚至亂了方寸，從而達到削弱對方力量的目的。沉默策略要注意審時度勢、靈活運用，如果運用不當，效果會適得其反。如一直沉默不語，欠款人會認為你是懾服於他的恐嚇，反而增添了其拖欠信心。

- **軟硬兼施**：這種策略是清債中常見的策略，而且在多數情況下能夠奏效。因為它利用了人們避免衝突的心理弱點。如何運用此項策略呢？

首先將清債班子分成兩部分：一部分成員扮演強硬型角色，即黑臉，

第九章　業績才是真理

黑臉在清償的初始階段起主導作用；另一部分成員扮演溫和型角色，即白臉，白臉在清償某一階段的結尾扮演主角。在與欠款人接觸過一段時間並了解其心態後，由擔任強硬型角色的清償人員毫不保留地、果斷地提出還款要求，並堅持不放，必要時甚至可以用威脅手段或者依據情勢，表現出爆發式的情緒行為。此時，承擔溫和型角色的清償人員則保持沉默，觀察欠款人的反應，尋找解決問題的辦法。等到氣氛十分緊張時，由溫和型角色出面緩和局面，一方面勸阻自己的夥伴，另一方面也平靜而明確地指出，這種局面的形成與欠款人也有關係，最後建議雙方做出讓步，促成還款協議或只要求欠款人立即還清欠款，放棄利息等費用要求。

當然，這裡還需注意，在清償實踐中，充當強硬型角色的人在耍威風時應緊扣「無理拖欠」的事實，切忌無中生有，胡攪蠻纏。此外，兩個角色的配合要默契。

▌陰謀型客戶

這類型的欠款人首先就違背了互相信任、互相合作的經濟往來的基礎。他們常常為了滿足自身的利益與欲望，利用詭計或藉口拖欠債務。對付這類欠款人，策略永遠是最重要的。

- **反車輪戰術**：所謂車輪戰術，即欠款人抱著讓催款人筋疲力盡、疲於應付以迫使催款人做出讓步的目的，不斷更換洽談人員應對催款人的方法。對這種欠款人，催款人需要從以下幾個方面加以遏止：
  - 及時揭穿欠款人的詭計，敦促其停止車輪戰術的運用。
  - 對其更換的工作人員置之不理，可聽其陳述而不作表述，挫其銳氣。

- 　對原經辦人施加壓力，採用各種手段使其不得安寧，以促其主動
  還款。
- 　尾隨債務企業的負責人，不給其躲避的機會。

- **兵臨城下**：所謂兵臨城下，原本就有威脅逼迫的意思，這裡也正是引
  用這一層涵義。通常是催款人採取大膽的脅迫方法，這一策略雖然具
  有一定的冒險性，但對陰謀型的欠款人往往能達到很好的效果。因為
  欠款人本來就想占用資金，無故拖欠，一旦其目的被識破，其囂張氣
  焰必然會受到打擊和遏止，這時清欠人員就可以趁熱打鐵迫使其改變
  態度。例如：對一筆數額較大的貨款，催款人企業派出 10 多名清債
  人員到債務企業索款，使其辦公室裡擠滿了催款人企業的職工。這種
  做法必然會迫使欠款人企業盡快還款。

▎固執型客戶

　　固執型欠款人最突出的特點是堅守自己的觀點，對自己的觀點從不動
搖。對付這類欠款人的策略如下：

- **試探**：所謂試探，其目的就是為了摸清對方的底細。在清債活動中，
  試探多是用來觀察對方的反應，以此分析其虛實真假和真正意圖，提
  出對雙方有利的還款計畫。如果欠款人反應尖銳，採取對抗的態度，
  債權人就可以考慮採取其他方式清債（如起訴）；如果欠款人反應溫
  和，就說明有餘地。
  當然，這一策略還可以用來試探固執型欠款人或談判人的許可權範
  圍。對權力有限的，可採取速戰速決的方法，因為他是主管意圖的忠
  實執行者，不會超越上級給予的許可權。在清債商談中，不要與這種
  人浪費時間，應越過他直接找到其上級談話。對權力較大的固執型企

業負責人，則可以採取冷熱戰術。一方面以某種藉口製造衝突，或是利用多種形式向對方施加壓力；另一方面想方設法恢復常態，適當時可以讚揚對手的審慎和細心。總之是要透過軟硬兼施的方法達成讓對方改變原來想法或觀點的目的。

- **運用先例加以影響**：雖然固執型欠款人對自己的觀點有一種堅持到底的精神，但這並不意味著其觀點不可改變，只不過是不容易改變罷了。要了解到這一點，就不要在擬訂策略的時候自我設限。為了使欠款人轉向，不妨試用先例的力量影響他、動搖他。例如：催款人企業向其出示其他欠款人早已成為事實的還款協議，或者法院執行完畢的判決書、調解書等。

▌感情型客戶

從某種意義上來說，感情型欠款人比強硬型欠款人更難對付，而在企業中，這類型的欠款人又是最常見的。可以說，強硬型欠款人容易引起催款人的警惕，而感情型欠款人則容易被人忽視，因為感情型性格的人在談話中十分隨和，能迎合對方的興趣，在不知不覺中把人說服。

為了有效地對付感情型欠款人，必須利用他們的特點及弱點制定策略。感情型欠款人的一般特點是對人友善、富有同情心，專注於單一的具體工作，不適應衝突的氛圍，對進攻和粗暴的態度一般是迴避。

針對以上特點，可採用下面幾種策略：

- **以弱勝強**：在與感情型欠款人進行清債協商時，柔弱往往勝於剛強，所以應該採用以弱勝強的策略。催款人要訓練自己，培養一種謙虛的習慣，多說：「我們企業很困難，請你支持。」「我們面臨停產的可能。」

「拖欠貨款時間太長了，請你考慮解決。」「能不能照顧我們工廠一些。」以此爭取動搖感情型欠款人的心理，為達成協議提供機會。

- **恭維**：從感情型欠款人的自身特點來說，他們較其他類型的欠款人更注重人緣，更希望得到催款人的承認、受到外界的認可，同時也希望債權方了解自身企業的困難。因此，說一些讓對方產生認同感的讚美話，對於具有感情型欠款人非常奏效。比如：債權企業的清債人員可以說：「現在各企業資金都很困難，你們工廠能做得這麼好，全在於你們這些主管。」「你們這個行業倒掉不少企業了，你們還能挺過來，很不錯。」

- **有禮有節的進攻態度**：與感情型欠款人協商債務清償時，催款人應該在協商一開始就創造一種公事公辦的氣氛，不與對方打得火熱，在感情方面保持適當的距離。與此同時，可就對方的還款意見提出反問，以引起爭論，如「拖欠這麼長時間，利息誰承擔」等，這樣就會使對方感到緊張。注意不要激怒對方，因為欠款人情緒不穩定，就會主動回擊，一旦他們撕破面子，催款人很難再指望透過商談取得結果。

千人千性格，萬人萬脾氣。要想做到高效催款，就要根據不同性格特點制訂不同的催款策略，根據不同客戶的特點設計最合適的方法去催收。

把主要目標放在管事者身上

在收款過程中找出真正的付款人，是收款的關鍵。在企業中，並不是人人都有決定權，能達到關鍵作用的人往往只有那麼一兩個。在找到終極的債主以後，另一個關鍵就是找對那個能夠拍板還錢的人，才能真正做到有的放矢；否則只能是緣木求魚，不得其法。找對「關鍵人物」後，要集中力量，進行徹底打擊，進而迫其還清所有債務，不要被其拖延、敷衍的

手段所迷惑，而貽誤時機。

所以，在收款過程中，找出真正的付款人是收款的關鍵。具體使用「擒賊先擒王」這一計策時，要注意以下幾個方面：

首先，要弄清楚誰是「關鍵人物」，以確定討債目標。

一家企業，由於經營體制不同，能夠拍板還債的「王」亦不同。有的是部門經理即可拍板，在一定金額內有財務決策權，而有些則只有總經理、總裁或董事長才有權決定。一般來講，催款目標盡量不要越級。如果部門經理能夠拍板，就將部門經理定為「王」，作為己方的催款目標。如果不找部門經理，而直接找總經理，即使將錢要回來，但會影響雙方今後的合作。催款的上策是：既能將欠債追回來，又能盡量顧及到雙方的合作關係，保全對方面子，以不影響雙方今後的合作為佳。所以，我們在催款開始時，明確催款的目標非常重要。只有找對了「王」，才能避免因目標不清而得不到應有的效果。

其次，要分析收款目標的背景、性格及其主要活動規律，以制定擒「關鍵人物」策略。任何人都有自己的社會背景、性格和特定的活動規律。在催款時要仔細、詳盡地分析「王」者的社會背景、性格喜好以及活動規律，以找出目標的弱點，集中力量，加以突破，獲得事半功倍之效。

有些欠債者總以主管開會、生病療養不在公司為由拒付欠債。這時，追債者就要仔細分析「王」者的生活規律和社會活動規律，以做到有的放矢，順利找到目標，採用恰當的手段和策略，追催款務。

最後，要有窮追不捨的精神，直到事情圓滿解決。總之，在催款時，要催款者善於靈活運用「擒賊先擒王」這一兵法，具體情況具體分析，一定能夠遂人心願，順利取回所有欠款。

「擒賊先擒王」，在催款過程中找出真正的付款人，是收款的關鍵。

堵住藉口，制勝不敗

當你去客戶那裡催款的時候，時常會聽到客戶這樣對你說：「真不巧，最近我們主管出去了，不然請您改天再來吧！」

「你的對帳單傳給我們了嗎？『小劉，我們收到他們公司的對帳單了嗎？』『沒有啊！』你看，你們還沒傳給我們，怎麼結款啊？要不然下個月再說吧，到時候再給你們多結一點款！」

「你們收款的支票已經寄出去了。」

面對客戶的「花言巧語」，你能夠準確地判斷哪些是客戶的真心話，哪些又是客戶拖延付款的「藉口」嗎？

在與客戶打交道的過程中，相互交流是必不可少的過程。可是，有些不良客戶，為了能夠達到拖延付款的目的，早就練就了一套「鬼神難辨真假」的說謊本領。每次當你向他們提出收款的要求時，客戶便將這些「藉口」堂而皇之地擺了出來。如果銷售人員沒有真正讀懂他們的謊話，便會被他們所矇騙，最終失去收款的大好機會。

為了能夠在與不良客戶的對峙中占據主動，完成收回貨款的任務，銷售人員必須提升自己的知識和技能，並盡快地將客戶所慣用的藉口悉數掌握。

下面還是讓我們先來看看銷售人員小玉是如何與客戶進行「智鬥」的吧。

小玉是一個很棒的業務員，只要和他接觸過的人，沒有一個不對其留下深刻印象的。在他做業務的幾年中，銷售業績一直都是第一位的。朋友曾問他：你的銷售業績這麼棒，有什麼祕訣嗎？他說了兩個字：說話。

每個業務員在與經銷商的交往中不都是憑藉說話嗎？為什麼同樣是靠

說話做業務，別的人就做不到他那樣的業績呢？

原來，他去拜訪經銷商的時候，不僅僅和對方的銷售經理、財務經理們進行溝通，而且還與對方各個部門的員工進行交流。雖然這樣做花費了他很多的時間，可也產生了不小的效果。經銷商公司裡的很多員工都與他建立了很好的關係，有些還稱兄道弟的。在與他們平時的聊天中，他得到了很多有用的東西。

有一次，他去經銷商那裡對帳，對方的財務找藉口電腦出了問題無法對帳。他並沒有馬上離開，而是和技術部門的員工聊起天。聊天中，他得知財務的電腦並沒有出現問題。於是，他回過頭來找到財務，施展「軟硬兼施」的功夫，再加上他與財務的私人關係，終於將對方說通了，為他結了一筆 8 萬元的貨款。

對於客戶來說，他們為了達到拖欠貨款的目的，總會找到一些敷衍你的理由。如果你以為客戶真的遇到了麻煩，那你就大錯特錯了。想想看，如果他們不對你說出能讓你信服的理由，那些貨款不就讓你拿回去了？所以，他們為了實現拖延的目的自然會找出諸多藉口來搪塞你的。

換句話說，當你去催款的時候，要想不被客戶三言兩語地打發了，第一步要做的，就是要分清他們說的「理由」是事實還是藉口！在這裡，我們只對客戶所說的藉口進行詳細的分析。

假如客戶說的是藉口，銷售人員必須做到心中有數，並運用有效的手段進行解決，否則，將會給銷售貨款的回收造成巨大的障礙。要知道，如果你不當機立斷，勇敢地與客戶周旋，最後吃虧的必將是你自己！那麼，客戶常用的搪塞銷售人員的藉口又是哪些呢？而作為銷售人員來說，又應該如何有效地去應對呢？接下來，將針對客戶的藉口及其解決的方法作詳細的闡述。

▌推

案例1：「我們也有很多欠款沒有收回，暫時沒有錢付給你們。」

分析：這個藉口是站不住腳的，因為有欠款沒有催回不是其拒絕為他人支付欠款的理由。企業不可能用流動的資金來生產經營，更多的是自有資金，外邊還會有一些欠款只是企業經營不善的一個方面，並不能成為拖欠支付的理由。

對策：加緊催收，指出欠款人的「手頭緊」只是他的客觀條件，不是拒付款的理由。可以讓欠款人在現有資金的情況下支付可能支付的欠款。對於不能支付的，可以和欠款人制訂一個還款計畫，分期或是約定在一定的時限內還清。絕對不能和欠款人約定一些模糊的話，如「我方收回欠款之日就是還清你方欠款之時」，這種不規範的語言只會給欠款人多一個推欠的理由和機會。

案例2：「我們公司付款要老闆決定，現在還沒有審核下來。」

分析：小公司付款是要老闆審批，如果沒有審核下來，財務部門就不能付款。可是很多小公司正是以這個作為藉口，把付款推到老闆的身上。

對策：透過向對方員工了解，如果是沒有審核下來，問題出在哪裡。是不是老闆故意不批，拖欠付款。把情況了解清楚，找出問題的關鍵，才能找到最重要的人物進行催款。如果是藉口就應該面揭穿，否則以後每次收款都可能遇到同樣的藉口。

▌拖

這是欠款方慣用的手法。

案例1：欠款人對催款員會說：「1個月後我們將獲得一張大訂單，屆時就可以償付你的全部款項。」

分析：這只是一個藉口，因為如果經營狀況好，欠款人任何時候都能付款。他們只是想用這一藉口來爭取更多的時間，到時候 1 個月過去了，欠款人又會有新的理由來拖欠的。

對策：加緊催收，欠款人既然會獲得大訂單，那就說明經營狀況還不錯，還是有能力還款的。這時就以他的「矛」對他的「盾」，用他的理由來反問他，使欠款人跳入自己挖的陷阱裡。

案例 2：「公司現在正在做結算，結算完畢才能付款。」

分析：這是一些比較大型的企業常常用的藉口，他們以自己會有付款週期為由，拖欠債款。

對策：打電話給對方的付款人或者主管，確切地了解結算將於哪一天結束，準備好前去收款所需的相應單據，在結算結束之日前往收款。應該注意的是，應找到相關的負責人把一切相關的資訊了解清楚，收款時做到有理有據，使對方再也找不到任何藉口。

▌拉

案例 1：「你們是我們最大的供應商，我們不久就會還款的。」

分析：這是一種拉關係的拖欠藉口，每一個和欠款人做成生意的都是他的供應商，也都可能是他們的「最大的」供應商。如果要是相信了欠款人的話，那他們就會一直拖下去的。

對策：催收，欠款人今天會用這樣的理由來拉攏收款人，第二天就會用別的理由來拉攏，這樣下去就可能沒有收回的一天。要和欠款人說明，不論是多大的客戶都要生存，也都是要收回欠款的。只要欠款人還款及時，以後大家還是好的合作夥伴。

案例 2：「我們兩家企業合作一直不錯，我們是不會欠下去的。」

分析：兩家企業以前是什麼時候開始合作的？雙方合作、對方收款是不是如欠款人所說的那樣良好，如果和欠款人只不過是剛開始合作，或是和欠款人在以前的合作不是很順利，那這就一定是一個拉關係的藉口。

對策：對付這種拉關係的拖欠，不要當面揭穿，最好也和他拉關係、稱兄道弟。到了讓對方忘記了收款人此行的目的時，再對他提出，就算是再好的朋友，收款人也是要生存的，欠款人這樣欠下去，只怕不僅是收款人個人沒有辦法交差，就連收款部門也沒有經營和周轉的資本。這時欠款人也不好反駁，只好順水推舟，把欠款還了。

▌騙

案例 1：「你沒有告知過我們，到現在還沒有見到帳單。」

分析：肯定是藉口。收款人不會貿然前去催款的，一定會在收款之前的合理期限通知過欠款人。欠款人不可能沒有見到過帳單，只不過想為欠款多爭取時間罷了。

對策：及時對帳，把帳單親自送交客戶。如果是傳真，要在傳真上寫清「共幾頁」等字樣，發出傳真後，打個電話確認對方已經收到，再要求他閱讀傳真的所有頁面，以避免他的下一個藉口：「傳真的封面是清晰的，但是其他頁面卻無法辨識內容」，或是「收到了，但只收到一張呀」之類的藉口。

案例 2：「我們對發票有異議。」

分析：如果欠款人真正想按時付款，那麼這個抱怨就是合理的，而且他很可能主動打電話表示收到了發票，並且提醒你注意發票中的錯誤。然而，如果你是在打電話收款的時候，收到了這種抱怨，欠款人很可能是利用發票來拖延時間。

對策：沒有哪一家公司從不出錯，如果你的客戶是對的，應該立即更正發票，並附上一份道歉書送給客戶，還要另外給予對方 30 天的付款時間。如果是拖延時間，就立刻要求核對發票，據理力爭。

　　案例 3：「我對你們的產品或服務有意見。」

　　分析：如果你的產品或服務真的有問題，那麼責任在你自己，但這不是客戶不付款的理由，最多是退貨的理由。

　　對策：首先確認自己的產品或服務是否有問題；如果客戶想還款，那麼對產品或服務的不滿就不是到你收款時他才提出，而是一接到產品或服務時就與你們公司連繫了。遇到這種答覆，你可以向客戶提問他抱怨的是什麼，他從什麼時候開始對產品或者服務感到不滿意，他是否向你的哪位同事表示過不滿等。如果他記不清楚，就進一步詢問細節問題。如果對方回答不出任何問題，你就應該據理力爭，收回欠款。

　　客戶玩弄「推」、「拖」、「拉」、「騙」中的任何一種伎倆，他們的目的可能不外乎是想利用種種不同的手段來賺取點小「利」。針對客戶這種「貪小便宜」的心理，銷售人員應採取「以其人之道還治其人之身」的方法，直接提醒客戶的「付款義務」。

簡單行銷學：

看透客戶心理，巧用三寸不爛之舌，「推」開世界的大門！

作　　者：吳載昶，尤貝貝

發 行 人：黃振庭

出 版 者：財經錢線文化事業有限公司

發 行 者：財經錢線文化事業有限公司

E-mail：sonbookservice@gmail.com

粉 絲 頁：https://www.facebook.com/
　　　　　sonbookss/

網　　址：https://sonbook.net/

地　　址：台北市中正區重慶南路一段六十一號八
　　　　　樓 815 室

Rm. 815, 8F., No.61, Sec. 1, Chongqing S. Rd.,
Zhongzheng Dist., Taipei City 100, Taiwan

電　　話：(02)2370-3310

傳　　真：(02)2388-1990

印　　刷：京峯彩色印刷有限公司（京峰數位）

律師顧問：廣華律師事務所 張珮琦律師

國家圖書館出版品預行編目資料

簡單行銷學：看透客戶心理，巧用
三寸不爛之舌，「推」開世界的大
門！/ 吳載昶，尤貝貝著 . -- 第一
版 . -- 臺北市：財經錢線文化事業
有限公司 , 2023.01
面；　公分
POD 版
ISBN 978-957-680-557-8(平裝)
1.CST: 銷售 2.CST: 銷售員 3.CST:
職場成功法
496.5　　111019108

-版權聲明-

定　　價：350 元

發行日期：2023 年 01 月第一版

◎本書以 POD 印製

電子書購買

臉書

獨家贈品

親愛的讀者歡迎您選購到您喜愛的書，為了感謝您，我們提供了一份禮品，爽讀 app 的電子書無償使用三個月，近萬本書免費提供您享受閱讀的樂趣。

ios 系統	安卓系統	讀者贈品

請先依照自己的手機型號掃描安裝 APP 註冊，再掃描「讀者贈品」，複製優惠碼至 APP 內兌換

優惠碼(兌換期限2025/12/30)
READERKUTRA86NWK

爽讀 APP

📖 多元書種、萬卷書籍，電子書飽讀服務引領閱讀新浪潮！

🎧 AI 語音助您閱讀，萬本好書任您挑選

🔍 領取限時優惠碼，三個月沉浸在書海中

🔔 固定月費無限暢讀，輕鬆打造專屬閱讀時光

不用留下個人資料，只需行動電話認證，不會有任何騷擾或詐騙電話。